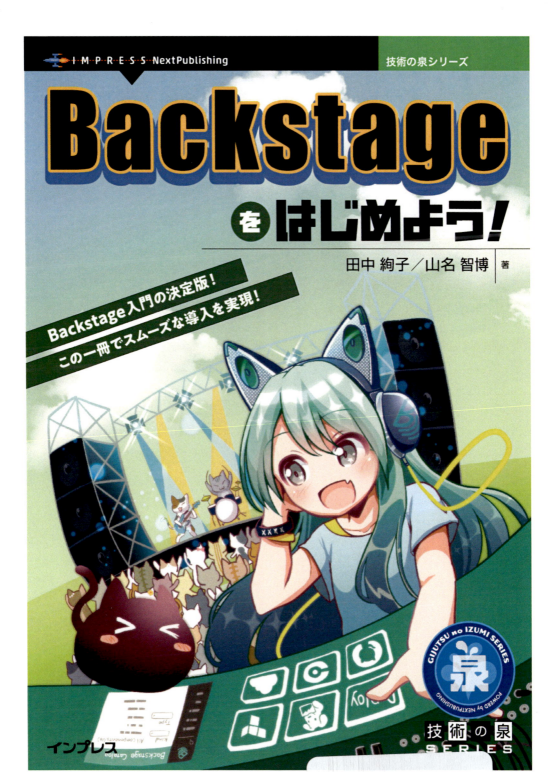

目次

- はじめに ……………………………………………………………………………… 5
- 本書の対象者 ………………………………………………………………………… 5
- マッチしない読者層 ………………………………………………………………… 5
- 本書の内容 …………………………………………………………………………… 5
- ソースコード・正誤表 ……………………………………………………………… 6
- 免責事項 ……………………………………………………………………………… 6
- 表記関係について …………………………………………………………………… 7
- 謝辞 …………………………………………………………………………………… 7

第1章 Platform EngineeringとBackstage …………………………………………… 9
- 1.1 Platform Engineering ……………………………………………………………… 9
- 1.2 Internal Developer Portal ……………………………………………………… 10
- 1.3 Backstageの目的と解決する課題 ……………………………………………… 12
- 1.4 Backstageによる3つのユースケース ………………………………………… 14
- 1.5 まとめ …………………………………………………………………………… 16

第2章 Backstageの基礎 …………………………………………………………… 17
- 2.1 Backstage コア概念 …………………………………………………………… 17
- 2.2 Backstageの技術スタック ……………………………………………………… 22
- 2.3 まとめ …………………………………………………………………………… 23

第3章 ローカル環境インストールとセットアップ …………………………… 24
- 3.1 ローカル環境インストール …………………………………………………… 24
- 3.2 Database Setup (PostgreSQL) ………………………………………………… 29
- 3.3 GitHubインテグレーションの設定 …………………………………………… 31
- 3.4 ユーザー認証の設定 …………………………………………………………… 36
- 3.5 UIカスタマイズ ………………………………………………………………… 49
- 3.6 まとめ …………………………………………………………………………… 61

第4章 Software Catalog …………………………………………………………… 62
- 4.1 Software Catalogの概要 ………………………………………………………… 62
- 4.2 Software Catalogの役割 ………………………………………………………… 62
- 4.3 Software Catalogのコンセプト ………………………………………………… 62
- 4.4 カタログバックエンドの処理 ………………………………………………… 67

- 4.5 エンティティー削除 ………………………………………………………… 71
- 4.6 システムモデル ……………………………………………………………… 73
- 4.7 Software Catalogを使ってみよう ………………………………………… 75
- 4.8 まとめ ………………………………………………………………………… 76

第5章 Software Templates …………………………………………………… 77
- 5.1 Software Templatesの概要 ………………………………………………… 77
- 5.2 Software Templatesを使ってみよう ……………………………………… 77
- 5.3 自作テンプレートの追加 …………………………………………………… 81
- 5.4 spec.parameters ……………………………………………………………… 83
- 5.5 spec.steps …………………………………………………………………… 87
- 5.6 spec.outputs ………………………………………………………………… 89
- 5.7 テンプレート構文 …………………………………………………………… 90
- 5.8 Template Editor ……………………………………………………………… 92
- 5.9 テンプレートの配置 ………………………………………………………… 96
- 5.10 テンプレートの拡張 ………………………………………………………… 98
- 5.11 まとめ ……………………………………………………………………… 109

第6章 Backstage Search ……………………………………………………… 110
- 6.1 Backstageで検索 …………………………………………………………… 110
- 6.2 Backstage Searchのコンセプト …………………………………………… 111
- 6.3 検索画面のカスタマイズ ………………………………………………… 114
- 6.4 検索エンジンのカスタマイズ …………………………………………… 116
- 6.5 まとめ ……………………………………………………………………… 120

第7章 TechDocs ………………………………………………………………… 121
- 7.1 TechDocsの概要 …………………………………………………………… 121
- 7.2 TechDocsのデモ …………………………………………………………… 121
- 7.3 ドキュメントの配置 ……………………………………………………… 123
- 7.4 TechDocsのコンセプト …………………………………………………… 127
- 7.5 TechDocsのビルド戦略 …………………………………………………… 127
- 7.6 まとめ ……………………………………………………………………… 136

第8章 パッケージとプラグイン ……………………………………………… 137
- 8.1 パッケージアーキテクチャとプラグインの種類 ……………………… 137
- 8.2 プラグインアーキテクチャ ……………………………………………… 139
- 8.3 プラグインの作成 ………………………………………………………… 140
- 8.4 フロントエンドプラグイン ……………………………………………… 142

8.5	バックエンドシステムアーキテクチャとプラグイン	146
8.6	バックエンドプラグイン	148
8.7	プラグインの独自コンフィグレーション	152
8.8	Feature Flags	153
8.9	Internationalization	158
8.10	まとめ	167

第9章　Backstage Permission … 168

9.1	Backstageにおけるパーミッション	168
9.2	バックエンドへのポリシーの設定	169
9.3	フロントエンドでのポリシーの利用	186
9.4	さまざまなパーミッションやルールの設定	188
9.5	まとめ	189

第10章　Kubernetes上でのBackstage運用 … 190

10.1	環境構築	190
10.2	K3sの作成	191
10.3	HashiCorp Vault Operatorの導入	191
10.4	PostgreSQLの導入	197
10.5	Backstageのデプロイ	200
10.6	まとめ	209

第11章　Kubernetesプラグイン … 210

11.1	Kubernetesプラグインとは	210
11.2	Singleクラスター環境の可視化	210
11.3	Multiクラスター環境の可視化	223
11.4	まとめ	227

付録A　Azure Kubernetes Serviceの認証 … 228

A.1	Azure Kubernetes Service (AKS) の作成	228
A.2	各種リソースのデプロイ	230
A.3	Kubernetesプラグイン	231

おわりに	237
謝辞	237

はじめに

本書を手に取ってくださった皆様、ありがとうございます。

近年、技術の高度化や複雑化による開発者の認知負荷が増大している背景を受け、その解決策として Platform Engineering という考え方が注目されています。Platform Engineering では、Team Topologies に基づいた適切なチーム分けや認知負荷の低減を目的とした共通プラットフォームを構築することによって、開発生産性の向上を目指します。

本書は、Platform Engineering の中で構築されるプラットフォームを操作するインターフェイスとして代表的なツールである Backstage をテーマにした本です。Backstage を構築・拡張していくにあたり、把握しておきたい基礎知識を一冊にまとめました。

現時点の Backstage は機能的に手が届いていない部分も多く、継続的にアップデートが行われています。継続的なアップデートによりさまざまな機能がリリースされますが、その一方でドキュメントの整備が追いついていないこともあります。ネット上にもまだまだ情報が多いとも言えず、Backstage をはじめようとしたときに躓きポイントが多いと感じています。Backstage を学びはじめる方々の躓きポイントを少しでも減らしたい！という思いから本書を執筆しました。本書が Backstage をはじめるための一助となれば、嬉しい限りです。

田中 絢子

本書の対象者

本書は、こんな方に向けて書かれています。
- Backstage という名前は聞いたことがあるが、実際に使ったことはない方
- Backstage を使ってみたいと考えている方
- Backstage を使ってみたいが、どこからはじめればよいか迷っている方
- Backstage を使おうとしているが苦戦している方

マッチしない読者層

本書は Backstage を使ってみたい・使いはじめた方を対象としています。そのため、すでに Backstage を使い込んでいる方にとっては not for me な内容となっています。

本書の内容

本書は全11章から構成されています。先頭から順に読み進めることで、Backstage の基礎から実際にローカル環境でのセットアップ、Kubernetes クラスター上でのデプロイまでを学ぶことができ、Backstage の理解を順に深められます。

第1、2章では Platform Engineering の概要から Backstage の生まれた背景やコンセプトなどを解説し、第3章で Backstage のローカル環境でのインストールとセットアップを行います。第4章から

第9章ではそれぞれBackstageのコア機能の詳細、プラグインの概要、権限の概要を解説します。最後の10、11章では、第3章でローカル環境に構築した環境を、Kubernetesクラスター上にデプロイする手順を解説します。

前提とする環境

本書では、2024年7月31日現在に提供されている各種ソフトウェアの以下バージョンを前提として解説しています。

- Backstage v1.29.0
- Node.js v20.11.1
- yarn 1.22.22
- Kubernetes v1.29

これよりも古いバージョンであっても、本書の内容を実践することは可能です。ですが、必ずしも動作を保証するものではありません。また、Backstageは毎月リリースが行われており、本書執筆時点とは異なるバージョンがリリースされている可能性があります。本書を進めるうえで手順に躓いた場合は、公式のリリースノートを参照し、該当部分に変更がないか確認してください[1]。

第10・11章では、Kubernetes基盤としてK3sを使用します。別のKubernetesクラスターを利用することも可能ですが、適宜読み替えての実施をお願いいたします。

ソースコード・正誤表

本書に記載しているソースコードやManifest、ファイルおよび正誤表は、以下のレポジトリに掲載しています。

https://github.com/tanayan299/backstage-start-book-code

免責事項

本書に記載されている内容は、著者陣の所属する組織の公式見解ではありません。

本書はできる限り正確を期すよう努めましたが、著者陣が内容を保証するものではありません。また、本書に本書に記載された内容は、情報の提供のみを目的としています。したがって、本書を用いた開発、製作、運用は、必ずご自身の責任と判断によって行ってください。これらの情報による開発、製作、運用の結果について、著者陣はいかなる責任も負いません。

不正確あるいは誤認と思われる個所がありましたら、正誤表にて訂正いたします。訂正箇所を見つけた場合はGitHubのIssueやPull Request、著者陣のソーシャルアカウントなどでそっとお知らせください。

---

1. https://backstage.io/docs/releases/v1.29.0

表記関係について

　本書に記載されている会社名、製品名などは、一般に各社の登録商標または商標、商品名です。会社名、製品名については、本文中では©、®、™マークなどは表示していません。

謝辞

　書籍出版の機会をいただきました技術の泉出版のみなさまには、この場を借りて感謝申し上げます。

　また、本書はShunsuke Yoshikawa (@ussvgr)さんにレビューいただきました。レビューにより論旨が改善され、内容がわかりやすくなり、誤読のリスクを減らすことができました。Yoshikawaさんなくして本書は成り立たなかったと言っても過言ではありません。貴重な意見を寄せていただいたこと、原稿を読む時間を割いていただいたことにこの場を借りて厚く御礼申し上げます。

第1章　Platform EngineeringとBackstage

　本書は、タイトルの通りPlatform EngineeringにおけるOSSの開発者ポータル（IDP）ツールであるBackstageについて解説する本です。本書を手に取った皆さんは、Platform EngineeringやBackstageについて少なからず関心を持っているのではないでしょうか。

　第1章では、Backstageが登場した背景や、Backstageが解決しようとしている課題について解説します。

1.1　Platform Engineering

　BackstageはPlatform Engineeringの実現を補佐、加速するためのツールのひとつです。Backstageの説明の前に、Platform Engineeringについて簡単におさえておきましょう。

　Platform Engineeringとは近年急速に注目を浴びつつある技術分野であり、Gartner社による2024年の戦略的技術トレンドTop10[1]に入るなど、非常に期待されている考え方です。Platform Engineeringは、開発者の認知負荷の軽減と生産性の向上を目的としています。

Platform Engineeringの必要性

　Platform Engineeringの考え方が登場するより前、開発・インフラ・QA・運用保守などが組織ごとに独立していた時代は、組織間のコミュニケーションコストが高く、ボトルネックが発生しやすい状況であり、組織のサイロ化が課題となっていました。その後、ソフトウェア開発とデリバリーを継続的に行うDevOpsの導入により、組織のサイロ化などの問題はある程度解決されました。しかしながら、クラウドの普及、クラウドネイティブ技術の登場、マイクロサービス化の流れは、エンジニアの責任範囲を広げ、認知負荷の増大と生産性の低下を引き起こしています。つまり、開発者がエンドツーエンドでアプリケーションのデプロイや運用まで責任を持つと、多岐にわたるスキルセットが求められるため、依然として大きな課題となっています。

　たとえば、アプリケーションを開発して公開するまでのプロセスを考えてみましょう。アプリケーションを開発し、そのアプリケーションをクラウド上でデプロイするとして、AWSやAzure、Google Cloudといったメガクラウド、Vercelのようなアプリケーションプラットフォーム、Cloudflareなどが提供するエッジコンピューティングのサービスなど、さまざまな選択肢があります。デプロイ先のプラットフォームを絞ったとして、デプロイするための環境としてVMやKubernetes環境、サーバーレス環境などさまざまな選択肢が存在し、自身にとって最適な選択肢を選ぶことが求められます。デプロイ環境だけでなく、CI/CDのパイプラインであったり、セキュリティーの設定、モニタリングの設定、ログの収集、アラートの設定など、アプリケーションを運用するための設定も多岐

---

1. https://www.gartner.com/en/newsroom/press-releases/2023-10-16-gartner-identifies-the-top-10-strategic-technology-trends-for-2024

にわたり、考慮事項は山積みです。

解決策としてのPlatform Engineering

　開発者がエンドツーエンドでアプリケーションのデプロイや運用まで責任を持つことに課題がある状況を受けて登場したのが、Platform Engineeringです。Platform Engineeringは開発者の認知負荷軽減と生産性向上を第一の目的とし、負荷の根源となっている諸々を解決する基盤＝プラットフォームを構築・運用する、また、それを行う専任チームを作っていく考え方です。

　Platform Engineeringでは専任のプラットフォームチームを組織し、開発チームを「顧客」と見立てて開発者体験を向上させて、開発者の認知負荷の低減を目指します。そのために開発者が求める機能をプラットフォームの形で提供し、開発チームへのヒアリング・フィードバックをうけて、継続的にプラットフォームを改善していく役目を担います。

　プラットフォームチームには、開発者がスムーズに開発を行えるようにするための、たとえば以下のような機能の提供が求められます。

・開発の助けとなるような情報を整理する
・開発にスムーズに取り組めるようにオンボーディングの仕組みを整える
・必要に応じて勉強会やワークショップの開催を行う
・開発者からの質問や問い合わせに対して対応する
・開発者の体験や生産性を向上するためのあらゆるタスクを自動化し、開発者がセルフサービスで利用できるプラットフォームを提供する

　プラットフォームとプラットフォームチームの背景・要件については、CNCFが出しているCNCF Platforms White Paper[2]に非常によくまとまっています。Platform Engineeringを知るうえで、一度目を通してみるとよいでしょう。

1.2　Internal Developer Portal

　開発者が開発を始めるために必要な要素は何でしょうか。まずは開発を行うためのツールやプラットフォーム、つまり開発環境が必要です。チーム開発を行う上では開発者が守るべきルールが必要ですし、与えられた環境で開発を行うためのノウハウも必要です。

　従来の基盤チームは主に開発環境の提供に注力していましたが、開発環境だけがあってもそのほか扱うべきものが多く、開発者にとっては認知負荷の高い状態が続いていました。そこで、Platform Engineeringでは開発環境のほか、開発環境を扱うためのルールやノウハウの提供も同様に重要となっています。

Golden Pathの重要性

　Platform Engineeringで開発環境のほかに開発環境を扱うためのルールやノウハウを提供するうえでは、「Golden Path」という考え方が重要になってきます。「Golden Path」とは、開発のベスト

2.https://tag-app-delivery.cncf.io/whitepapers/platforms/

プラクティスとそれを実装するための環境を開発者に提供することにより、迷わず効率的に仕事を進められるようにする考え方です。

Golden Pathには、実際に動くサンプルアプリとそのソースコード、アプリの開発に必要なCIパイプラインやGitOps環境、そしてGolden Pathによって構築された環境の可観測性や、Golden Pathの価値を正しく理解して活用するためのドキュメントが含まれます。プラットフォームチームからのGolden Pathの提供により、開発者に守ってほしいルールを付与しつつ、実際に動くアプリとコードにより開発者のノウハウ習得をサポートできます。

Golden Pathを提供することが、プラットフォームチームの主要なミッションのひとつとも言えます。

Internal Developer PlatformとInternal Developer Portal

プラットフォームチームが開発者に機能を提供するためのアプローチとして、Internal Developer Platform（内部開発者プラットフォーム）／ Internal Developer Portal（内部開発者ポータル）という考え方があります。内部開発者プラットフォームはアプリケーションが動作する環境を抽象化し、開発チームが必要とする**機能/仕組み**を整備します。一方で内部開発者ポータルは、開発チームがプラットフォームを操作するための**インターフェース**を提供し、セルフサービスでの利用を可能にします。

図1.1: 内部開発者プラットフォームと内部開発者ポータル

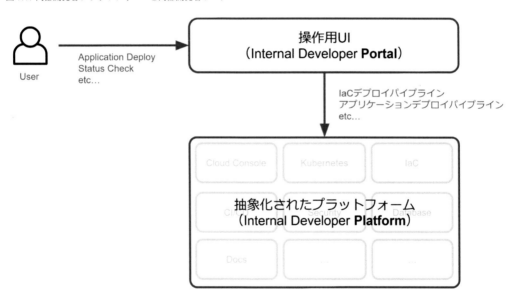

このうち、内部開発者ポータルがGolden Pathによってつくられたドキュメントやテンプレートの公開先として、また各種プラットフォーム機能へのリンク等を記載する先として、開発者にとっての窓口となります。

内部開発者ポータルの代表例として、「Backstage」があります。Backstageは、Platform Engineering

のノウハウの集大成を展開するためのPortalといえます。

では、Backstageはどのような背景で生まれ、どのような目的を持っているのでしょうか。

1.3 Backstageの目的と解決する課題

Backstageはもともと音楽配信サービスのSpotify社で開発され、開発者がSpotifyのソフトウェアを効率的に管理、作成、探索できるように設計されたプラットフォームでした。2020年9月にオープンソースソフトウェア（OSS）としてCloud Native Computing Foundation(CNCF)に寄贈されています[3]。

数年前、Spotify社ではエンジニアリングチームの拡大とともに、製品開発スピードの維持に課題が生じていました[4]。開発者は文書化されていない組織的な知識の不足に直面しており、新しいコンポーネントの作成方法の伝達、システムのメンタルモデルの維持、そして将来的な再利用性の確保が大きな課題となっていたのです。これらの課題は、成長する組織のスケールと製品開発の速度を同時に維持することを難しくしていました。コンテキストの切り替えと認知の過負荷が日々エンジニアの生産性を下げており、Spotifyはインフラやツールのあらゆる側面に精通しなくとも、エンジニアが仕事をしやすくする必要性に迫られていたのです。Backstageはこれらの課題に対して、インフラと開発者ツールを抽象化し、エンドツーエンドのソフトウェア開発を一元化して簡素化するために開発されました。

Backstageは、すべてのソフトウェアとその所有者を一元的に管理し、発見可能にすることを目的としています。つまり、個々のコンポーネントがどのように動作し、誰によって管理されているかにかかわらず、インフラ全体を網羅する開発者ポータルとして機能することを目的としています。Backstageのビジョン[5]は、「最高の開発者体験の提供」です。このビジョンのもと、開発者は多様なインフラストラクチャーツールに深い知識を持つ必要がなくなり、インフラストラクチャーの抽象化を通じて、安全かつ迅速にシステムを構築、スケールアップできるようになります。

コンセプトと哲学

Backstageは、プラグインアーキテクチャを採用しており、以下の3つの主要な構成要素から成り立っています。BackstageインスタンスはNode/Reactアプリであり、コミュニティーやプライベートのプラグインをインストールするBackstageのコアライブラリーの上に構築されます。

---

[3] https://www.cncf.io/projects/backstage/
[4] https://backstage.io/docs/overview/background/
[5] https://backstage.io/docs/overview/vision

図1.2: Backstageの3層構造モデル

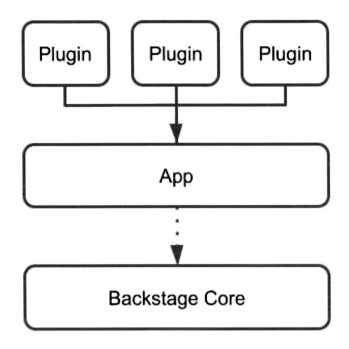

- Core（コア）
  — オープンソースプロジェクトのコア開発者によって構築された基本機能
  — CLI、ユーティリティツール、API定義などを含む複数のパッケージで構成される
- App（アプリ）
  — 組織のエンドユーザーが利用する開発者ポータル部分、コア機能と追加のプラグインを結合する
- Plugin（プラグイン）
  — Backstageアプリを特定の企業のニーズに合わせて拡張するための追加機能
  — 企業固有のものからオープンソースで再利用可能なものまでさまざま存在する
  — 基本機能もプラグインとして抽象化されており、カタログを含むいくつかのプラグインを常に使用している
  — 独自のプラグインも作成可能

また、Backstageには、3つの核となる哲学があります。

- Backstage is the interface
- Backstage embraces autonomy
- Backstage demands clear ownership

Backstage is the interface

ひとつ目の哲学は、『インターフェイスとして一元化を行う』です。

開発において多くのインフラツールが扱われますが、Backstageはこれらを同一のインターフェイスを通じて一元化することを目的としています。重要なのは、Backstageはインフラツールを再実装するものではない点です。たとえば、CI/CDのビルドステータスの表示は可能ですが、詳細なトラブルシューティングにはCI/CDツールを直接確認することが推奨されます。

つまり、Backstageはインフラのすべてを置き換えるのではなく、インフラの上にレイヤーを追加し、外部ソースからの情報源を集約して単一のインターフェイスにまとめて提供します。

Backstage embraces autonomy

ふたつ目の哲学は、『開発者の自律性の支援を行う』です。

Backstageを通して、開発者は必要な環境をセルフサービスで利用できます。Backstageでは、プラットフォームチームからこの環境を使うこと、といったトップダウンでの環境の強制は推奨されません。つまり、開発チームは独立して行動し、自身のチームに合った環境を選択できます。Backstageはそのプラグインアーキテクチャを通じて、トップダウン式の全体プラットフォーム実装ではなく各チームの自律性の支援を目指しています。

Backstage demands clear ownership

3つ目の哲学は、『明確な所有権の確立』です。

Backstageは所有権を明確にして集中的な管理を避けることで、情報の透明性とアクセス性の向上を目指しています。Backstageで管理する各ソフトウェアコンポーネントには、明確に所有チームを紐づける必要があります。所有権の明確化により、誰がそのソフトウェアをメンテナンスしているのか、依存関係は何かが明確になり、情報の検索容易性が上がります。つまり、特定のソフトウェアについて知りたいときの窓口が明確になります。

1.4 Backstageによる3つのユースケース

Backstageは、「Create」「Manage」「Explore」の3つのユースケースにフォーカスして開発者を支援します[6]。Backstageは上記3つのユースケースを通して今日の開発における障壁を取り除き、開発サイクルを合理化して開発者が本当にやりたいこと、つまり優れた機能を構築するためのビルディング・ブロックの提供を目指しています。

それぞれのユースケースについて、具体例を考えてみましょう。各ユースケースを実現するBackstageの機能については、次章以降で詳しく解説します。

Create

現代のアプリケーション開発においては、多様なツールを使用することが一般的となっています。

---

[6] https://backstage.io/blog/2021/05/20/adopting-backstage/#three-jobs-create-manage-explore

多用なツールを使用するがゆえに、開発プロジェクトの立ち上げからアプリケーションリリースまでのプロセスは複雑化し、長い時間を要するようになっています。

　新しいマイクロサービスの構築を始める準備をしているところを想像してみましょう。フレームワークは何を選択すればよいでしょうか。サービスを本番稼働させるためのキャパシティはどのように確保すればよいでしょうか。また、CI/CDの管理はどのように行う必要があるのでしょうか。

　Backstageでは、Software TemplatesとTechDocsによってCreateのユースケースを実現します。Software Templates機能を利用し、あらかじめよく利用されるマイクロサービス、モバイル機能、データパイプラインなどをテンプレートとして用意しておくことで、アプリケーション開発者は新しいプロジェクトを立ち上げる際に、テンプレートから数クリックで新しいプロジェクトを開始できます。テンプレート中に個社固有のベストプラクティスやセキュリティーポリシーを組み込むことで、開発者が必要なポリシーを遵守することのサポートもできます。また、TechDocsという機能でドキュメントを集約できます。新しい開発を始めるためのオンボーディングドキュメントやAPIの内容などを、それぞれのリポジトリーに移動せず、Backstage上で一元的に確認できます。

Manage

　開発したアプリケーション資産を管理することもまた、開発者にとって重要なタスクです。12個のサービスを所有する小規模なチームに所属しているとしましょう。所有しているサービスをアップデートしたりデプロイをしようとするたび、クラウドベンダーのコンソール、CIツール、セキュリティーダッシュボード、CLIを切り替えて、作業を行っている姿が想像できるのではないでしょうか。

　Backstageでは、Software CatalogによってManageのユースケースを実現します。Software Catalogは、チームのソフトウェアコンポーネントを一箇所で管理するための機能です。チームのソフトウェアコンポーネントはすべて、Software Catalogのひとつのページにまとめられています。Software Catalogから任意のサービスのページに移動すると、そのサービスのCI/CDステータス、Kubernetesデプロイステータス、ドキュメント、セキュリティーチェック結果など、そのサービスに関連するすべてが、必要な情報だけを表示するシームレスなインターフェイスにまとめられています。これにより、コンテキストの切り替えや複数の管理ツール間の移動が不要になり、効率的な運用が可能になります。また、Backstageでは、KubernetesプラグインによってKubernetes上で動作するサービスの管理ができます。当該のサービスがKubernetes上で稼働しているケースにおいて、PodやDeployment等がどのようなステータスなのかを一元的に確認できます。

Explore

　新しい機能を開発している途中で、ほかのチームが開発しているであろう汎用的なライブラリーを再利用したいと考えたことはありませんか。しかしそのライブラリーがどこにあるのか、誰が作成したのか、どのように使うのか、といった情報を見つけられないということはありませんか。

　Backstageでは、Software CatalogのList機能によってExploreのユースケースを実現します。チームのソフトウェアコンポーネントはすべて、Software Catalogのひとつのページにまとめられ

ています。情報の集約により、誰でも組織内の他の人が作成したツール、ライブラリー、フレームワーク、ドキュメントを見つけられるようになり、ライブラリーやサービスのページに行けば、所有者やドキュメント、APIや、必要に応じて拡張する方法まで把握できます。これにより、コラボレーションが促進され、同じ問題に対する複数の解決策の開発を防ぎます。

1.5 まとめ

本章ではPlatform Engineeringが登場した背景や、その中でのBackstageの立ち位置、解決しようとしている課題について解説しました。次章からは、具体的なBackstageの導入方法や各機能について解説します。

第2章 Backstageの基礎

1章ではPlatform Engineeringが登場した背景や、その中でのBackstageの立ち位置、解決しようとしている課題について見てきました。

ここからは、実際にBackstageを導入していきましょう。この章ではBackstageのコア概念を解説し、次章でローカル環境でのインストールとセットアップについて解説します。

2.1 Backstage コア概念

Backstageは、ソフトウェア開発を支援するための5つの主要な機能を提供しています。Software Catalog、Software Templates、ドキュメント生成機能（TechDocs）、クロスエコシステム検索機能、Kubernetes可視化機能（プラグイン）が主要な機能です。前章でBackstageの3つのユースケースについて触れましたが、それぞれコア機能とどのように関連しているのかを以下に示します。

・Createを実現する機能：Software Templatesとドキュメント生成機能(TechDocs)
・Manageを実現する機能：Software CatalogとKubernetes可視化機能(プラグイン)
・Exploreを実現する機能：Software Catalogとクロスエコシステム検索機能

図2.1: Backstageの3つのユースケースとコア機能

詳細については次章以降で解説しますが、本章ではこれらの機能の概要と相互の関連性について説明します。

Software Catalog

Software Catalogは、Backstageにおける中核的な機能です。組織内のすべてのソフトウェアア

セット（ウェブサイト、API、ライブラリー、データリソースなど）を一元的に管理するためのディレクトリーを提供します。このカタログにより、チームはソフトウェアの管理と発見を容易に行えるようになります。カタログはアセットごとにメタデータ、所有者、依存関係を追跡し、ソフトウェアの構造を可視化するグラフを生成します。

　カタログには、さまざまな種類（kind）のソフトウェアアセットをエンティティーとして登録できます。Backstageにおけるエンティティーとは、ソフトウェア開発のさまざまな要素や情報を表し、特定のソフトウェアやサービス、API、インフラリソースなどを指します。ウェブサイトやデータパイプラインなど、異なる性質のアセットはkindで区別されます。さらに、各種類の中でもタイプ（types）を定義できます。エンティティーのメタデータは、kind、type、名前、所有者チーム、その他の詳細を記述したYAMLファイル（`catalog-info.yaml`）に格納されています。これらのファイルは通常、各コードベースに同梱されます。

　所有者と依存関係の追跡は、カタログの主要な利用シーンのひとつです。依存関係はYAMLファイルで宣言され、エンティティー間の関係性を可視化します。依存関係の把握により、システム全体の構造を理解しやすくなりますし、孤立したエンティティーの存在など、システム上の問題点の把握に役立ちます。

図2.2: Software Catalogのoverview(左)とlist(右)イメージ

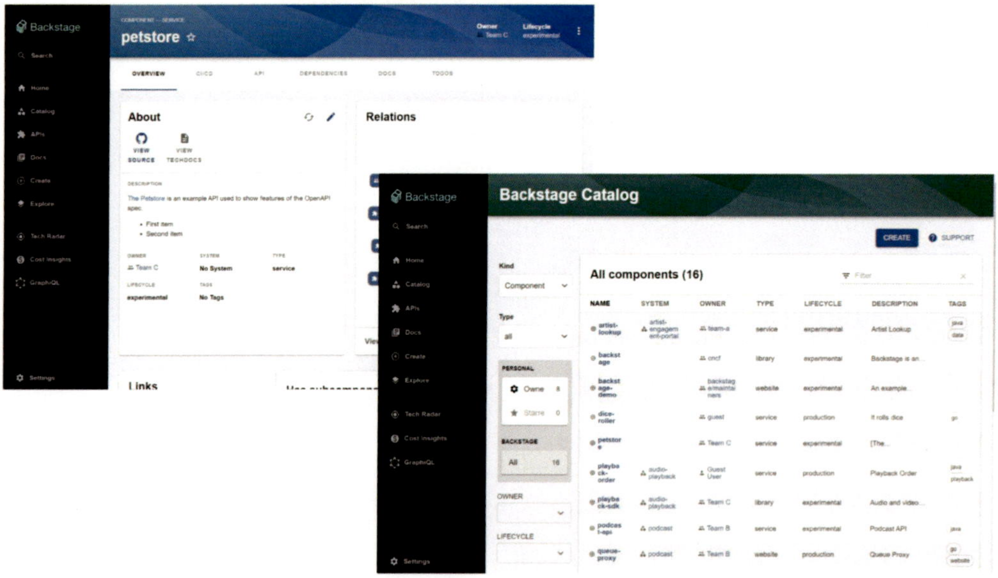

Software Templates

　Backstageの主な使用例のひとつは、新しいチームメンバーのオンボーディングの補助と定石の促進にあります。Software Templatesは、新規プロジェクトの環境構築を支援する機能です。開発者は開発のベースとなるコードと環境設定を含むテンプレートを選択し、リポジトリを初期化できます。これにより、新人エンジニアでもすばやく開発を開始できるようになります。

たとえば、Software TemplatesではNode/Reactウェブアプリ用のテンプレートを設定し、CI/CDやモニタリングなどの機能を同時に有効にできます。開発者は数クリックで環境が整った状態のサービスを受け取れるので、無駄な設定作業を行う必要がなくなります。

Software Templatesは、実行パラメーターやステップをYAMLで定義したものです。Backstageはこの定義に基づいてテンプレートのUIを生成します。ステップは組み込みのフェッチアクションなどを利用しますが、独自のものも定義できます。テンプレートは、カタログ内で`kind:template`として登録されます。テンプレートから生成されたコンポーネントもカタログに自動登録できるので、発見可能性と標準化が促進されるいい循環が生まれます。

図2.3: Software Templatesの利用イメージ

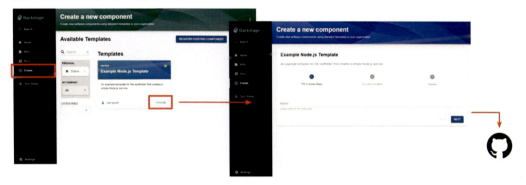

TechDocs

TechDocsは、ドキュメントを一元的に管理するための機能です。Markdownファイルから静的サイトを自動生成するDocument as Codeなソリューションになっています。

TechDocsでは、ドキュメントをそのソフトウェアのコードベースに含めて保守します。TechDocsプラグインがリポジトリからMarkdownファイルを取得し、それらを静的ページに変換して公開します。ドキュメントをコードの近くに置くことで、最新の状態を維持しやすくなります。TechDocsが生成したページには自動的にナビゲーションなどのUIが付加されるため、本文以外の部分についてはあまり気にする必要がありません。

図2.4: TechDocsのイメージ

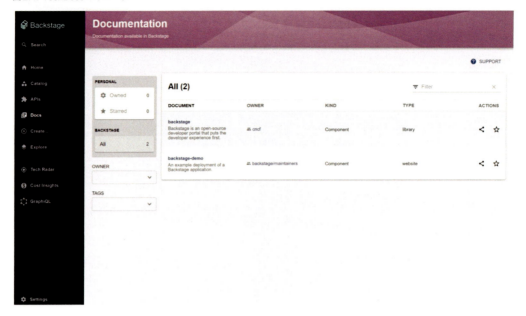

Kubernetesプラグイン

　Backstageには、Kubernetesクラスター上のサービスの状態を可視化するプラグインが搭載されています。Kubernetesプラグインは、開発、ステージング、本番環境を含む、サービスの健康状態を一目で理解するのに役立ちます。

　一般的なKubernetes監視ツールは、多くのことが実行できます。しかし、開発者としては自身が開発しているサービスの情報が確認できれば十分です。Backstageが提供する機能は、自身の開発しているサービスの状態のみを確認したい開発チーム向けに特化したものです。このプラグインはカタログと統合されており、登録済みのサービスエンティティーに紐づくクラスターの情報を表示します。

図 2.5: Kubernetes プラグインのイメージ

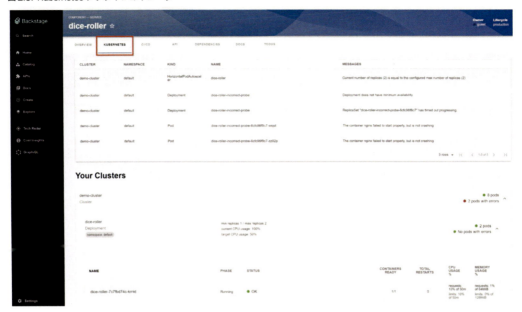

検索

　サービス間の検索機能も、Backstage の重要な機能のひとつです。検索機能により、エコシステム全体から情報を見つけ出せるようになります。検索エンジンの選定や、検索結果の表示のカスタマイズなどができます。

　Lunr、Elasticsearch/OpenSearch、Postgres が公式対応の検索エンジンですが、自前のエンジンを持ち込むこともできます。標準の検索クエリトランスレーターの挙動もカスタマイズでき、ユーザー入力からの検索実行の流れを細かく制御できます。検索エンジンを指定しない場合のデフォルトは、Lunr です。内部的には、Backstage コンポーネントからデータストリームを受け取る「コレクター」が、検索対象のドキュメントを生成します。現在はカタログエンティティーや TechDocs、Stack Overflow などのコレクターが公開されており、そのほか独自のコレクターも定義できます。コレクターは、ドキュメントの定義とインデックスの作成・収集によって何が見つけられるかを定義します。

図 2.6: 検索機能のイメージ

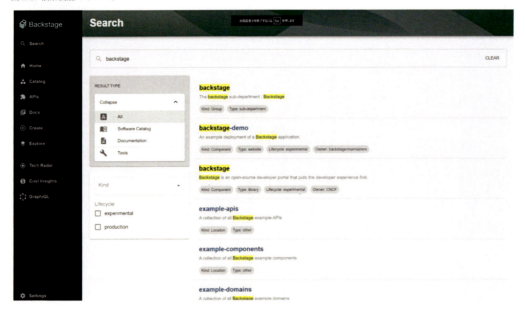

2.2 Backstageの技術スタック

　Backstageを開発者ポータルとして選択するかどうかの判断材料として、採用している技術スタックの理解も重要でしょう。Backstageはさまざまな技術を組み合わせたアグリゲーターですが、組み合わせる技術のほとんどが広く普及しているものです。

　Backstageでは、多くの場面でYAMLを使用します。YAMLはメタデータの主要な記述フォーマットです。UIのカスタマイズには、Reactの知識が役立ちます。カスタムプロセッサやプラグインの開発が必要な場合は、バックエンドで使われているNodeの理解が求められます。プロジェクト全体でTypeScriptが採用されています。ローカル開発環境では、Dockerを活用すると便利です。Dockerを使えばBackstageインスタンスを効率的に実行したり、TechDocsの事前ビルドなどができます。パッケージ管理にはYarnが使われています。

　Backstageはモノレポとしてビルドされているため、その概念を理解しておくと、よりスムーズに取り組めるでしょう。また、セマンティックバージョニングが採用されており、毎月マイナーバージョンがリリースされています。

　Backstageを利用する方式としては、Self HostedとManagedのふたつがあります。

Self Hosted Backstage

　Backstageを自社でホストする場合は、他の自社サービスと同様の方法でデプロイします。

　一般的なアプローチとしては、AWSやAzureでKubernetesクラスターを構築し、そこにBackstageをインストールする方法があります。SpotifyではGoogle Cloudで運用されていますが、Backstage自体は特定のクラウドや手法には拘りません。

Self HostedでBackstageインスタンスに対して、実質的に無制限のカスタマイズが可能です。なかにはBackstageのバックエンドのみを使い、フロントエンドは自社のデザインシステムで構築するチームもあるようです。ただし、オープンソースのコアから遠ざかれば遠ざかるほど、新機能やセキュリティーフィックスの取り込みにコストがかかることに留意しましょう。自社でホスティングする最大のデメリットは、Backstageの内部構造の習得が必須となり、定期的なアップグレードとプラグイン管理に要する手間が大きくなる点です。

Managed Backstage

他のオープンソースプロジェクトと同様、Backstageにもマネージドおよびホスティングされたサービスがあります。Backstageの公式パートナーについては、公式のCommunityページ[1]にリストされています。

また、Backstage開発元のSpotify社からも、Backstageをベースとしたコーディング不要なIDPツール`Spotify Potal for Backstage`[2]の提供が予定されています。GUIでPotal本体の設定の表示・編集、認証認可の設定、プラグインの追加などが行えることを特徴としています。いまだベータ版のため利用にはウェイティングリストへの登録が必要ですが、今後の展開が期待されます。

Managedを選ぶ組織は、主に自社でプラットフォームの保守を行う余力がないスケールアップ途中の企業が多いようです。Managed Backstageのメリットは、すぐに運用可能な環境が手に入り、ReactやNodeの知識がなくてもBackstageの利用が可能な点です。UIからプラグインの設定やサードパーティ連携を行え、アップデートも自動的に適用されます。結果として、Backstageの運用に割く人的リソースが大幅に削減できます。一方で、自社カスタマイズの自由度が制限されるのがデメリットです。

2.3 まとめ

本章ではBackstageの導入に先立ち、Backstageのコア概念について解説しました。次章では、ローカル環境でのインストールとセットアップについて解説します。

---

[1] https://backstage.io/community/
[2] https://backstage.spotify.com/products/portal/

第3章　ローカル環境インストールとセットアップ

本章では、いよいよ実際にBackstageを導入します。Self Hosted Backstageを前提とし、まずBackstageをローカルでセットアップする方法を学びます。

Backstageをローカル環境にインストールしたのち、以下4項目のセットアップを行います。

- PostgreSQL を使った永続的なデータベースのセットアップ
- GitHub インテグレーションの設定
- GitHub 認証の設定
- UI カスタマイズ

本章はBackstageをローカルで起動することによりその動作を理解し、Backstageをカスタマイズするための基礎構築を目的とします。本番環境を見据え、Kubernetes上にデプロイする方法については、第10章にて解説します。

3.1　ローカル環境インストール

それでは早速、ローカル環境にBackstageをセットアップしてみましょう。インストール方法は、公式のGetting Startedガイド[1]にしたがって進めます。

前提条件

Backstageをローカルでセットアップするためには、以下の要件を満たす必要があります。

- Linux、macOS、Windows Subsystem for Linux などのUnixベースのオペレーティング・システムにアクセスできること
- Node.js LTS Release[2]がインストールされていること
- Yarn が利用可能なこと
- Docker が利用可能なこと
- Git が利用可能なこと

> **Backstageで利用するYarnバージョン**
>
> BackstageはデフォルトでYarn 1を使用しますが、Yarn 3[3]に移行もできます。
> また、ProxyやFirewall経由でのアクセスを行う場合には3000、7007番ポートを開ける必要があります。
>
> 3.https://backstage.io/docs/tutorials/yarn-migration/

1.https://backstage.io/docs/getting-started/
2.https://nodejs.org/en/about/previous-releases

本章の環境は以下の通りです。

リスト3.1: 本書の環境

```
* OS
Windows 11 (Version: 23H2) / WSL2 (Ubuntu 22.04.1 LTS)

$ node -v
v20.11.1

$ yarn -v
1.22.22
```

執筆時点でのNode.jsのCurrent Versionは22.4.1ですが、Active LTS Releaseの20.11.1を使用します。Active LTS Releaseでないと、後段のnpxコマンドによるBackstageのInstallに失敗します。

Install

Backstageのインストールには、Node.jsに同梱されているnpxコマンドを使用します。npxはレジストリから直接、実行可能ファイルを取得するツールです。以下のコマンドを実行するとBackstageがインストールされ、現在の作業ディレクトリー内にサブディレクトリーが作成されます。

コマンドを実行すると、backstage applicationの名前の入力を求められます。入力した名前はサブディレクトリーの名前に使われます。ディレクトリー名やGitリポジトリー名として、親しみやすい名前をつけましょう。Backstageのインストール時に指定する名前は、Backstageアプリケーションの UIに表示されるアプリケーション名とは別です。ここでは例として、sample-backstageという名前でインストールします。

```
npx @backstage/create-app@latest
```

インストールが完了すると、以下のようなメッセージが表示されます。

```
Need to install the following packages:
@backstage/create-app@0.5.17
Ok to proceed? (y) y
? Enter a name for the app [required] <direcotry_name>

Creating the app...

  Checking if the directory is available:
    checking       sample-backstage

  Creating a temporary app directory:

  Preparing files:
```

```
  ... (省略) ...

  Successfully created sample-backstage

 All set! Now you might want to:
  Run the app: cd sample-backstage && yarn dev
  Set up the software catalog: \
    https://backstage.io/docs/features/software-catalog/configuration
  Add authentication: https://backstage.io/docs/auth/
```

create-appスクリプトは、ディレクトリーの作成、ファイルのコピー、Backstageアプリケーションのビルドといったステップを踏みます。最後のステップでは、パッケージの依存関係をインストールしてアプリをコンパイルするため、数分程度の時間を要します。

依存関係のインストールに失敗した場合

　以前筆者が試した際、@backstage/create-app@latestでインストールすると、依存関係のインストールに失敗したケースがありました。環境によっては、yarn installに失敗するかもしれません。
　Tipsとして、以前に依存関係のインストールに失敗した際の対処法を記載します。
　依存関係のインストールに失敗し@backstage/create-app@latestコマンドの実行に失敗した場合は、--skip-installを使用して依存関係のインストールをスキップし、まずディレクトリーを作成してみてください。作成されたディレクトリーに移動後に、yarn installを実行することで、依存関係のインストールがうまくいくケースがあります。
```
npx @backstage/create-app@latest --skip-install
cd <backstage dir>
yarn install
```

無事にインストールが完了すると、作成時に指定した名前のサブディレクトリーが作成されます。サブディレクトリーに移動し、Backstageアプリケーションの構造を見てみましょう。

リスト3.2: Backstageアプリケーションの構造

```
sample-backstage
└── packages
    ├── app
    │   └── package.json
    └── backend
        └── package.json
├── app-config.yaml
├── backstage.json
├── catalog-info.yaml
├── lerna.json
├── package.json
```

Backstageアプリケーションはモノレポとして構築されています。つまり、ひとつのリポジトリー

内に複数のパッケージが集約されています。モノレポのルートには`package.json`ファイルがあり、そこに全体の依存関係が記述されています。一方、appやbackendといった個別のパッケージディレクトリーの中には、それぞれ独自の`package.json`が置かれ、パッケージ単独の依存関係が管理されています。このようにフロントエンドとバックエンドのコードベースを分離しているため、個別にデプロイも可能です。Backstageではモノレポ内の依存関係管理に、Lernaというツールが使われています。`lerna.json`にパッケージのリストが記述されており、Lernaがそれに基づいて適切にリンクを行います。新しいプラグインをインストールする際は、appやbackendのパッケージディレクトリー内のファイルを修正する必要があります。

- app
  - Backstageフロントエンド(React)のソースコードが置かれています
  - ルートのindex.htmlやUI部分のカスタマイズ用コードなどが含まれます
- backend
  - フロントエンドと通信するREST APIを実装したバックエンド(Express)のコードです
  - 認証、Software Catalog、テンプレートなどのコア機能を提供します

その他、以下の主要なファイルについても見ていきましょう。

- **app-config.yaml**
  - Backstageアプリの設定ファイルです
  - UIに表示されるアプリケーション名、会社名、Backendのオプションや認証、そのほかインテグレーションの設定など、Backstageの多くの機能をカスタマイズ可能です
- **backstage.json**
  - Backstageのバージョンが記述されているファイルです
- **catalog-info.yaml**
  - BackstageのSoftware Catalogにて、組織内のソフトウェアを追跡するための設定（メタデータ）ファイルです
  - Backstageアプリケーションのディレクトリーに存在する`catalog-info.yaml`は、Backstage自身のカタログに関する情報を提供します
- **lerna.json**
  - Packageをモノレポ内でリンクして相互に依存関係を持たせるための設定ファイルです
  - LernaにPackatgeを探す場所を定義します。
- **package.json**
  - モノレポ全体のルートnpm package declarationです
  - ルートのpackage.jsonにnpmパッケージの依存関係を追加するべきではない点に注意が必要です
  - 全体に対して依存関係を追加するのではなく、依存関係を必要とするサブパッケージ（appやbackendなど）に対して依存関係を追加する点に注意してください

アプリケーションが作成された時点で、Backstageアプリはすでに起動できる状態になっていま

す。アプリケーションディレクトリーに移動し、実際にBackstageを起動してみましょう[4]。

```
cd <direcotry_name> // ex. sample-backstage
yarn dev
```

`[0] webpack compiled successfully`というログが、Backstageの起動準備が完了したことを示します。フロントエンドのBuildが完了するとブラウザーが自動的に立ち上がり、Guestのサインインボタンが表示されます。

> **フロントエンドがバックエンドより先に起動する場合のエラー**
>
> 　公式ドキュメントによると、まれにフロントエンドがバックエンドより先に起動し、サインインページでエラーになることがあるようです。エラーが発生した場合はバックエンドの開始を待ってから、ブラウザーでBackstageをリロードしてください。

ブラウザーでhttp://localhost:3000/にアクセスすると、Guestログイン画面が表示されます。Guestユーザーとしてログインすると、いくつかのサンプルSoftware Catalogを含むBackstage Software Catalogページが表示されます。

図3.1: Guestログイン画面

---

[4] `yarn dev`コマンドでは、FrontendとBackendがそれぞれ独立したプロセスとして同一のターミナル上で起動されます。それぞれプロセス名はFrontendが[0]、Backendが[1]です。

> **Backstage プロセスの個別実行**
>
> ローカルで実行される Backstage アプリには、バックエンド Express サーバーと、React フロントエンドを実行する webpack-development-server というふたつのプロセスがあります。
>
> 必要に応じて異なるターミナルウィンドウでそれぞれのコマンドを実行することで、これらのプロセスを個別に開始できます。
>
> ```
> yarn start-backend
> yarn start
> ```

これで、ローカル環境で Backstage を起動できました！初期状態の Backstage はデモデータと in-memory データベースを利用しており、開発用途のみでの使用が想定されています。ここからは、実際の要件に合うよう、Backstage アプリケーションをカスタマイズしてみましょう。本章では、以下の項目についてのカスタマイズを行います。不要なカスタマイズ項目については、飛ばしてもらっても構いません。しかし、GitHub インテグレーションは GitHub から情報を取得したり、Software Template を利用して Repository を作成する場合に必要となるため、設定することをオススメします。

・PostgreSQL を使った永続的なデータベースのセットアップ
・GitHub インテグレーションの設定
・GitHub 認証の設定
・UI カスタマイズ

> **新フロントエンドシステムと新バックエンドシステム**
>
> Backstage では、新フロントエンドシステム[5]と新バックエンドシステム[6]というふたつのアーキテクチャ変更が進行しています。
>
> 色々と機能追加が可能な Bacsktage ですが、プラグインなどカスタマイズを加えようとしたときにコードの変更が必要になったりと、面倒な部分もあります。できる限りコードではなく設定でカスタマイズを導入可能にし、カスタマイズの「面倒くささ」を解消するべく、新フロントエンドシステムと新バックエンドシステムが開発されています。
>
> 新フロントエンドシステムは、2023 年の夏からプロジェクトが始まりました。現在 α 版で、新システムへのアプリの移行はまだ推奨されていません。
>
> 一方で、新バックエンドシステムはすでに Production Ready となっています。Backstage v1.24 からデフォルトのバックエンドが新システムに移行されており、すべてのプラグインとデプロイメントの新バックエンド以降が推奨されています。
>
> ドキュメントには旧バックエンドシステムの記載も多く残っていますが、本書では新バックエンドシステムを前提として進めていきます。
>
> ---
> 5. https://backstage.io/docs/frontend-system/
> 6. https://backstage.io/docs/backend-system/

3.2 Database Setup (PostgreSQL)

Backstage はデフォルトで in-memory データベースである SQLite を使用しており、外部依存なしにローカルで簡単にセットアップができます。ちょっと試してみるには最適ですが、サーバーの停止を行うたびにデータが削除されてしまいます。そこで、Backstage では永続的なストレージとして、

PostgreSQLを使用できるようになっています。ここでは、BackstageのデータベースをPostgreSQLに変更する手順を見ていきます。

PostgreSQLのインストール

以下、WSL上でのPostgreSQLのインストール手順を記載します。その他のOSやCloud上でのPostgreSQLのインストール手順については、それぞれの公式ドキュメントを参照してください。また、Backstageが稼働するサーバーとは別の環境でPostgreSQLが稼働する場合には、適切なポートが開放されていることを確認してください（通常は5432 or 5433）。

まず、Backstageが起動中の場合はCtrl-Cで停止させます。以下、手順にしたがってPostgreSQLをインストールします。

```
sudo apt update
sudo apt-get install postgresql
```

PostgreSQLをインストールしたのち、PostgreSQLサービスを起動し、PostgreSQLクライアントを起動してパスワードを設定します。

```
sudo service postgresql start
sudo -u postgres psql

  could not change directory to "/path/to/sample-backstage": Permission denied
  psql (14.11 (Ubuntu 14.11-0ubuntu0.22.04.1))
  Type "help" for help.

postgres=#

# user default postgres user and setup password(ex. secret)
postgres=# ALTER USER postgres PASSWORD 'secret';
ALTER ROLE

postgres=# \q
```

BackstageのPostgreSQL設定

PostgreSQLのインストールが完了したら、BackstageのデータベースをPostgreSQLに変更するための設定を行います。まず、Backstageのルートディレクトリーに移動し、PostgreSQLクライアントをバックエンドにインストールします。

```
# From your Backstage root directory
yarn --cwd packages/backend add pg
```

PostgreSQLをBackstageで使用するためには、設定ファイルであるapp-config.yamlを編集する必要があります。Backstageは、app-config.<environment>.yamlファイルにある環境固有の設定オーバーライドもサポートしています。たとえば、Backstageをインストールした時点でapp-config.local.yamlとapp-config.production.yamlもルートディレクトリに作成されます。これらは、それぞれローカルと本番環境で使用されます。

今回のケースではローカル環境のBackstageにPostgreSQLをセットアップするため、app-config.local.yamlを編集します。Backstageアプリのルートディレクトリにあるapp-config.local.yamlを開き、次の内容を追加してください。

リスト3.3: app-config.local.yamlへのPostgreSQL設定の追加

```yaml
backend:
  database:
    # config options: https://node-postgres.com/apis/client
    client: pg
    connection:
      host: localhost
      port: 5432
      user: postgres
      password: secret
```

> **秘匿情報の設定について**
>
> デフォルトの.gitignoreファイルでは、ソース管理から、*.local.yamlが除外されるため、パスワードまたはトークンをapp-config.local.yamlに直接追加しても問題ありません。
>
> しかし、app-config.yamlやapp-config.production.yamlに秘匿情報を記述する際には、${POSTGRES_HOST}といった環境変数の使用をオススメします。

設定が完了したら、yarn devコマンドを実行してBackstageを再起動します。正しく設定できていれば、PostgreSQLがBackstageのデータベースとして使用されるようになります。

3.3 GitHubインテグレーションの設定

インテグレーションの設定により、BackstageはGitHubやLDAP、クラウドプロバイダーなどの外部ソースを使ってデータを読み込んだり、公開したりできるようになります。たとえば、BackstageのSoftware Catalogでは、source control systemからソフトウェアのメタデータを読み取るためのインテグレーションが必要です。BackstageのSoftware Templateを使ってソフトウェアを作成する場合も、新しいリポジトリーを作成するためにインテグレーションを使用します。

本章では、GitHubインテグレーションの設定を行ってみましょう。そのほかの可能なインテグレーションについては、公式ドキュメントのIntegrations[7]を参照してください。

---

[7] https://backstage.io/docs/integrations/

GitHubインテグレーションを行う場合、Personal Access Tokenを使用する方法と、GitHub Appsを使用する方法があります。なお、後述するユーザー認証の設定をGitHubを用いて行う場合は、GitHub Appsを登録する必要があります。

ただし、インテグレーションにおいてGitHub Appsを使用する方式は組織用にデザインされているため、個人アカウントでインテグレーションを設定する場合はPersonal Access Token方式を使用する必要があります。

Personal Access Tokenを使用する場合

GitHubのトークン作成ページhttps://github.com/settings/tokens/newを開いて、Personal Access Tokenを作成します。

権限については、公式サイトのGitHub Locationsに記載があります[8]。以下を参考に設定してみてください。

表3.1: PAT権限項目

項目名	備考
repo	ソフトウェアコンポーネント読み取り、テンプレート作成
admin:org/read:org	Organizationデータ読み取り
user/read:user	Organizationデータ読み取り
user/user:email	Organizationデータ読み取り
workflow	テンプレートがGitHub Workflowを含む場合実行に必要

トークンを作成したら、Backstageの設定ファイル`app-config.local.yaml`に以下の認証情報を追記します。

リスト3.4: app-config.local.yamlへのGitHubトークンの追記

```
integrations:
  github:
    - host: github.com
      token: ghp_xxx # this should be the token from GitHub
```

Personal Access Tokenを使用してGitHubインテグレーションの設定を行った場合、ここではGitHub Appsを使用する場合の設定は行いません。「3.4 ユーザー認証の設定」の手順に進んでください。

GitHub Appsを使用する場合

GitHub Appsを使用する場合は、Personal Access Tokenを使用する場合に比べると、少々手順が複雑になりますが、GitHub APIのレート制限を高くできます。公式ドキュメントのGitHub Apps[9]

---

[8] https://backstage.io/docs/integrations/github/locations/#token-scopes
[9] https://backstage.io/docs/integrations/github/github-apps/

を参考に、設定を行っていきましょう。

GitHub Appの登録

GitHub Appの登録には、そのアカウントのオーナー権限が必要です。以下の手順に沿って、GitHub Appsを作成してください。なお、GitHub App作成の詳細については、公式のGitHub Docs[10]を参照してください。

・パーソナルアカウントに作成する場合

https://github.com/settings/appsにアクセスします。左サイドメニューで「GitHub Apps」を選択し、右上の「New GitHub App」ボタンをクリックします。

・組織アカウントに作成する場合

https://github.com/organizations/<組織名>/settings/appsにアクセスします。右上の「New GitHub App」ボタンをクリックします。

GitHub Appの作成

GitHub Appの登録画面が表示されますので、必要な情報を入力します。以下は、BackstageをローカルPC上で動かすことを想定した内容となっています。

表3.2: 基本的な入力項目

項目名	内容
Homepage URL	Backstageのフロントエンドを指します、ローカル環境の場合はhttp://localhost:3000と指定します
Callback URL	認証バックエンドを指す必要があります、ローカル環境の場合はhttp://localhost:7007/api/auth/github/handler/frameと指定します
Expire user authentication tokens	チェックしたままとします
Request user authorizatio(OAuth) during installation	チェックします
Enable Device Flow	チェックしません
Webhook	チェックを外します

権限については、公式サイトのGitHub Apps/App permittionsに記載があります[11]。以下を参考に設定してみてください。

10.https://docs.github.com/ja/apps/creating-github-apps/registering-a-github-app/registering-a-github-app
11.https://backstage.io/docs/integrations/github/github-apps/#app-permissions

表3.3: GitHub Apps権限項目

項目名	指定内容	備考
Administration	Read & write	リポジトリー作成のため
Commint statuses	Read-only	
Contents	Read & write	
Environments	Read & write	テンプレートでGitHub Environmentsを作成する場合
Issues	Read & write	
Members	Read-only	認証やSoftware CatalogのOrg情報読み込み用、Organization Setting
Metadata	Read-only	
Pull requests	Read & write	
Secrets	Read & write	テンプレートでGitHub Action Repository Secretsを作成する場合
Variables	Read & write	テンプレートでGitHub Action Repository Variablesを作成する場合
Workflows	Read & write	テンプレートでWorkflowを作成する場合

最後に、Where can this GitHub App be installed?はOnly on this accountを選択して、Create GitHub Appをクリックします。

GitHub App Install

実際の運用では、GitHub Appsをインストールするケースが多いのではないでしょうか。本章では、個人/組織アカウントにGitHub Appsをインストールします。作成したGitHub Appをインストールすることにより、インストール先の組織/ユーザーが所有するリポジトリーにアクセスできます。たとえば、orgAという組織にインストールした場合はorgA/repositoryに、userXというパーソナルアカウントにインストールした場合は、userX/repsitoryにアクセス可能となります。

GitHub Appの設定画面のサイドメニューで「Install App」を選択し、インストール対象とする個人/組織を選択し、「Install」ボタンを実行してください。現時点ではBackstage側にGitHub Appsの設定を行うための情報がないため、インストールを行うとエラーが発生しますが、問題ありません。

また、以下のようにコールバックでエラーが発生することもありますが、これも問題ありません。これはコールバックURLにenvパラメーターがないと発生するエラー[12]のようですが、インストール自体は問題ないため、そのまま閉じてしまっても問題ありません。

リスト3.5: GitHub Appsのインストール時のコールバックエラー

```
{
  "error": {
    "name": "InputError",
```

---

[12].https://github.com/backstage/backstage/issues/4464

```
    "message": "Must specify 'env' query to select environment",
    "stack": "InputError: Must specify 'env' query to select environment ..."
  },
  "request": {
    "method": "GET",
    "url": "/api/auth/github/handler/frame?code=..._id=...&setup_action=install"
  },
  "response": {
    "statusCode": 400
  }
}
```

GitHub App Private keyの作成

GitHub Appsのインストール後、GitHub AppのPrivate keyを作成します。

スクロールダウンすると、「Private keys」という項目があるので、「Generate a private key」ボタンをクリックします。ボタンをクリックすると、ローカルPCにpemファイルがダウンロードされます。

GitHub Appシークレットの作成

GitHub Appsの作成後、シークレットを作成します。

図3.2: GitHub Appsシークレット作成

表示されるClient IDとClient secretを控えておきます。

Backstage用Credentialファイルの作成

pemファイルを取得したら、次はBackstage用のCredentialファイルを作成します。Backstageのトップディレクトリー（`app-config.yaml`等があるディレクトリー）に、`github-credentials.yaml`

というファイルを作成し、以下の内容を記述します。

　appId、clientId、clientSecretについては、GitHub Appの情報を記載します。webhookSecretについては、GitHub Webhookを利用する際に指定するものです。Webhookを利用しない場合は、適当な文字列（たとえばwebhook-secret）を指定してください。privateKeyの欄は、さきほど取得したGitHubのprivate key pemファイルの内容を指定します。**privateKey部分は、先頭に2文字分スペースを忘れずに挿入してください！**

リスト3.6: github-credentials.yamlの作成

```
appId: app id
clientId: client id
clientSecret: client secret
webhookSecret: webhook secret
privateKey: |
  -----BEGIN RSA PRIVATE KEY-----
  ...Key content...
  -----END RSA PRIVATE KEY-----
```

　ファイルの準備が完了したら、app-config.local.yamlに以下の認証情報を追記します。今回はconfigファイルとcredentialファイルを同一ディレクトリに配置しているため、ファイル名のみを指定しています。別ディレクトリに配置した場合は、そのパスを指定してください。

リスト3.7: app-config.local.yamlへの GitHub インテグレーションの追記

```
integrations:
  github:
    - host: github.com
      apps:
        - $include: github-credentials.yaml
```

3.4　ユーザー認証の設定

　Backstageは起動直後、Guestユーザーとして認証なしでアクセスできる状態になっています。しかし、実際のプロジェクトではユーザー認証・アクセス許可の設定が必要ではないでしょうか。

　Backstageの認証システムは、ユーザーの識別とサードパーティリソースへのアクセスの委譲というふたつの異なる目的を果たします。Backstageでは認証プロバイダーを複数設定できますが、通常はサインインに使用されるのはひとつだけで、残りは外部リソースへのアクセスに使用されます。Backstageでは、数多くの組み込み認証プロバイダー[13]が用意されています。

13.https://backstage.io/docs/auth/#built-in-authentication-providers

> **Backstageユーザー認証の注意点**
>
> 　Backstageのサインインページ自体は、未承認ユーザーのアクセスをブロックする手段ではありません。ユーザー認証では、パーソナライズされたページと、バックエンドプラグインに渡すことができるBackstage Identity Tokenへのアクセスを提供するだけです。
> 　Backstageのバックエンドの API認証は、v1.24[14]から導入されました。v1.23以前のBackstageを利用している場合は、バックエンドAPIがデフォルトでは認証されていないため、注意してください。
>
> ---
> 14.https://backstage.io/docs/releases/v1.24.0#breaking-auth-improvements

　ここでは、GitHubを利用してユーザー認証を行ってみましょう。

設定ファイルに認証情報を追記する

　GitHubで認証を行う場合、GitHub Appの登録が必要です。「3.3 GitHubインテグレーションの設定」のGitHub Appsを使用する場合に、記載の内容にしたがいGitHub Appを作成してください。

　Backstageの設定ファイル app-config.local.yaml に認証情報を追記します。clientIDと clientSecretには、GitHub App作成時に作成したものを使用します。GitHub Enterprise Serverを使用している場合は、enterpriseInstanceUrl（e.g.https://ghe.<company>.com）もあわせて設定してください。

リスト3.8: app-config.local.yamlへの認証情報の追記

```yaml
backend:
  database:
    # ...

auth:
  # see https://backstage.io/docs/auth/ to learn about auth providers
  environment: development
  providers:
    github:
      development:
        clientId: YOUR CLIENT ID
        clientSecret: YOUR CLIENT SECRET
        ## uncomment if using GitHub Enterprise
        # enterpriseInstanceUrl: ${AUTH_GITHUB_ENTERPRISE_INSTANCE_URL}
```

　設定が完了したら yarn dev コマンドを実行してBackstageを再起動し、エラーがないことを確認しましょう！

Backstage Frontendの設定

　初期状態では、GitHubアカウントを用いたサインインの画面が存在しません。そのため、せっか

く認証情報を設定したにもかかわらず、利用できません。

　Backstageのフロントエンドにサインイン画面を追加していきましょう。packages/app/src/App.tsxを開き、以下の情報を追記します。

リスト3.9: サインインボタンの追記（import）

```
// 既存のImport文にSignInProviderConfigを追加
import {
  AlertDisplay,
  OAuthRequestDialog,
  SignInPage,
  SignInProviderConfig,
} from '@backstage/core-components';

// 新規に追記
import { githubAuthApiRef } from '@backstage/core-plugin-api';

const githubProvider: SignInProviderConfig = {
  id: 'github-auth-provider',
  title: 'GitHub',
  message: 'Sign in using GitHub',
  apiRef: githubAuthApiRef,
};
```

　const app = createApp({から始まる箇所を探し、components.SignInPageのprovidersにgithubProviderを追加します。

リスト3.10: サインインボタンの追記（実装）

```
const app = createApp({
  apis,
  // ...
  components: {
    SignInPage: props => (
      <SignInPage {...props} auto providers={['guest', githubProvider]} />
    ),
  },
});
```

Backstage Backendの設定

　フロントエンドにサインイン部分を追加しただけでは、GitHubアカウントを用いてBackstageにサインインすることはできません。あわせてバックエンドの設定を行う必要もあります。

GitHubアカウントを用いてBackstageにサインインするためには、@backstage/plugin-auth-backend-module-github-providerというプラグインが必要です。バックエンドのプラグインは、packages/backend/src/index.tsで設定されています。auth pluginセクションに以下を追加しましょう。

リスト3.11: バックエンドのサインイン設定
```
// auth plugin
// ...
backend.add(import('@backstage/plugin-auth-backend-module-github-provider'));
```

　設定が完了したら、Backstageを再起動してみましょう。Guestでサインインしていた場合は、サインイン画面が表示されず、Backstageのトップページがそのまま表示されるかと思います。以下のようにサインイン画面が表示された場合は、ここではGuestでサインインしてください。後述する設定を行わないと、現段階ではGitHubアカウントを用いたサインインができません。

図3.3: Backstageのサインイン画面

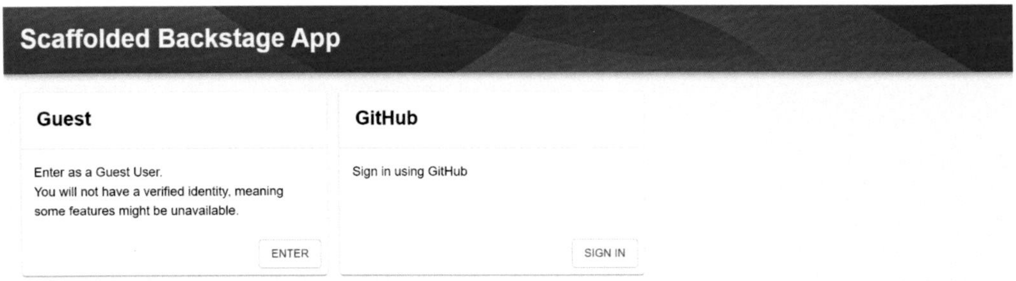

　Backstage UIが表示されたら左下のSettingをクリックし、AUTHENTICATOIN PROVIDERSタブを見てください。Available Providersに、自身のGitHubアカウント情報が反映されているはずです。

図3.4: BackstageのAUTHENTICATOIN PROVIDERSタブ

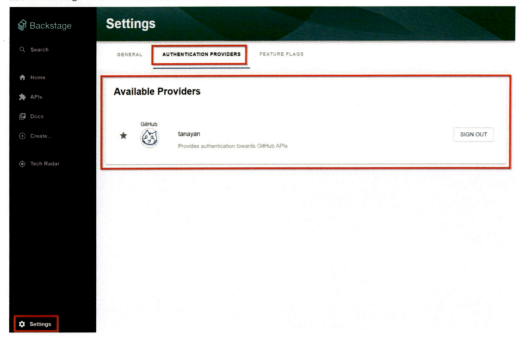

GitHubアカウント情報が反映されていない場合は、右側のSIGN INボタンからサインインを試みてください。

図3.5: 未SIGN IN状態のAUTHENTICATOIN PROVIDERSタブ

上記の手順で、GitHubアカウントを用いたユーザー認証が完了したかのように思えます。SettingsのGeneralタブを見てください。`User Entity`、`Ownership Entities`にともに`development/guest`が設定されています。`User Entity`がユーザー情報、`Ownership Entities`がグループ情報です。

図 3.6: Backstage の GENERAL タブ

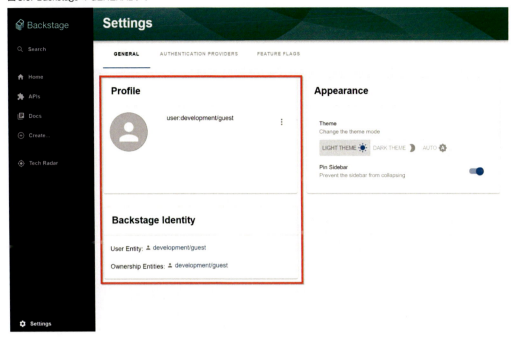

　Backstageのコードを作成した直後は、サインインしたユーザーをBackstageのゲストユーザーとして承認しトークンを発行しています。つまり、認証にGitHubのアカウントが使用できる状態になっているものの、Backstageのユーザー情報・グループ情報との連携が行われていない状態のため、ゲストサインインとなっています。アクセスの承認は、Backstage内で管理するユーザー情報・グループ情報を用いて行います。そこで、ユーザー・グループ情報をGitHubのユーザー・チームの情報と同期し、特定のGitHubユーザーのみがBackstageにアクセスできるように設定してみましょう。

　Backstageにサインイン用の認証プロバイダーを追加した際は、サインインに使用する認証プロバイダーに対し、どの情報でサインインを許可するか（サインイン・リゾルバー）を設定する必要があります。新バックエンドシステムでは、app-config.local.yaml内で指定する必要があります[15]。

　app-config.local.yamlのauthセクションに、以下を追記します。

リスト 3.12: サインインリゾルバーの追記

```
auth:
  # see https://backstage.io/docs/auth/ to learn about auth providers
  environment: development
  providers:
    github:
      development:
        clientId: YOUR CLIENT ID
```

15.https://backstage.io/docs/backend-system/building-backends/migrating#the-auth-plugin

```
    clientSecret: YOUR CLIENT SECRET
    ## uncomment if using GitHub Enterprise
    # enterpriseInstanceUrl: ${AUTH_GITHUB_ENTERPRISE_INSTANCE_URL}
    # 以下を追記
    signIn:
      resolvers:
        - resolver: usernameMatchingUserEntityName
```

GitHub認証の場合、指定できるリゾルバーはusernameMatchingUserEntityNameのみです。Backstage上のユーザー名が、GitHubのユーザー名と一致する場合にのみ、サインインを許可します。

設定を読み込むために、Backstageを再起動しましょう。再起動後、Guestでサインインしたままの場合は一度サインアウトします。設定のGENERALタブのProfile部分からサインアウトできます。

図3.7: Backstageのサインアウト画面

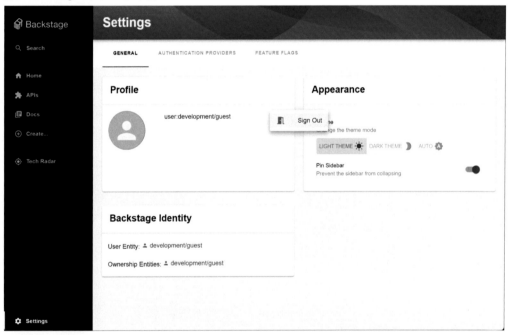

GuestとGitHubのふたつのサインイン画面が表示されます。GitHub側のサインイン画面からサインインを試みると、以下のように「Login failed; caused by Error: Failed to sign-in, unable to resolve user identity」と表示され、サインインに失敗するはずです。

図3.8: Backstageのサインイン失敗画面

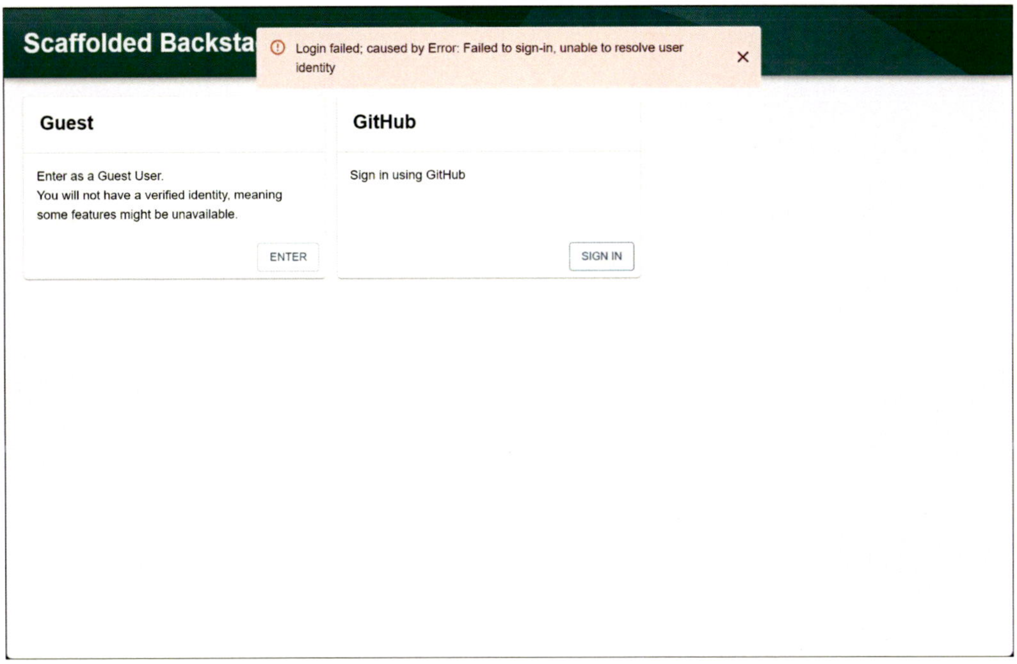

これは、ユーザーがBackstage側に登録されていないために起こります。Backstageにユーザー情報を追加してみましょう。GitHub Appsを個人に登録した場合は、個人アカウントのユーザー情報を追加します。一方で、組織アカウントに追加した場合は、組織アカウントのユーザー情報をインポートするようにします。

個人アカウントにGitHub Appを追加した場合のUser登録

今回は簡易的に、すでに`app-config.yaml`にてEntitiyの取り込み元として指定されているファイルに情報を追記し、Backstage上にユーザーを追加します。BackstageでサンプルとしてSoftware Catalogに登録される情報のメタデータは、`examples`フォルダー配下に格納されています。

なお、`examples`フォルダー配下に格納されているファイルはあくまでサンプル用であり、Backstageのコンテナイメージをビルドする際には読み込まれません。BackstageをKubernetes上で稼働させる場合などでは、別途GitHub上に登録したいUser情報を記述したYAMLファイルを用意し、`https://<Backstage URL>/catalog-import`から読み込むなどの対応が必要です。

`guest`のユーザー・グループ情報は、`examples/org.yaml`に記述されています。ここに、以下の情報を追記してみましょう。`guests`ではないグループに所属させたい場合は、別途Groupも作成したうえでユーザーの`memberOf`に所属させたいグループ名を指定しましょう。

リスト3.13: User情報に自身を追加

```
---
apiVersion: backstage.io/v1alpha1
kind: User
```

```
metadata:
  name: <GitHub ID>
spec:
  memberOf: [guest]
```

さて、ここまで設定したうえで、Backstageを再起動してみましょう。同様の手順でGitHubアカウントでのサインインを試みると、今度はサインインに成功するはずです。サインインに失敗した場合は、Guestでサインインし、正常にユーザーが登録されているかを確認してください。登録されたユーザーの情報は、カタログのUserから確認できます。

図3.9: カタログのUser情報

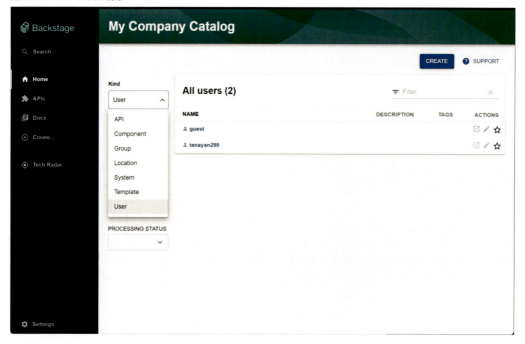

GitHubアカウントでサインイン後に左下のSettingsのGENERALタブを確認すると、ProfileとBackstage Identityの箇所に、先ほど追加したユーザー情報が反映されているはずです。

図3.10: 個人アカウント情報が反映された設定画面

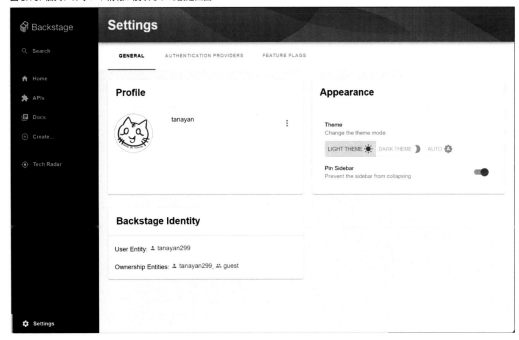

組織アカウントにGitHub Appを追加した場合のUser登録

GitHubから組織情報をインポートするために、GitHubインテグレーションの設定を完了している必要があります。

個人アカウントのユーザー情報を追加するのと同様、YAMLファイルにユーザーを追加可能ですが、組織内のユーザーすべてをYAMLファイルに記述するのは大変です。そこで、GitHub組織内のユーザー情報のインポートにより、ユーザー情報を追加していきましょう。新バックエンドシステムにおけるGitHubの組織データをインポートする方法は、公式ドキュメントのGitHub Organizational Data[16]に記載があります。なお、GitHub組織データインポート設定の旧バックエンドから新バックエンドへの移行については、公式ドキュメントのMigrating your Backend to the New Backend SystemのThe Catalog Plugin/GitHubセクション[17]に記載があります。

データのインポートには、@backstage/plugin-catalog-backend-module-githubプラグインを使用します。インポートはBackstageからGitHubに対して定期的なfetchを行う方法と、GitHub Webhookによりインポートする方法があります。ここでは、定期的なfetchを行う方法でインポートを行ってみましょう。Webhookでの追加方法については、公式ドキュメントのInstallation with Events Support[18]を参照してください。

以下の手順を行うことで、GitHub組織のユーザーとチーム情報を、新バックエンドシステムに対

16.https://backstage.io/docs/integrations/github/org/
17.https://backstage.io/docs/backend-system/building-backends/migrating#github
18.https://backstage.io/docs/integrations/github/org/#events-support

応したBackstageへインポートできます。まず、利用するプラグインをインストールします。

```
# From your Backstage root directory
yarn --cwd packages/backend add @backstage/plugin-catalog-backend-module-github
yarn --cwd packages/backend add @backstage/plugin-catalog-backend-module-github-
    org
```

プラグインのインストール後、バックエンドのCatalogプラグインを更新して、プロバイダーを追加しましょう。バックエンドのプラグインはpackages/backend/src/index.tsで設定されています。catalog pluginセクションに以下を追加します。

リスト3.14: GitHubのCatalogプラグインの追記
```
// catalog plugin
// ...
backend.add(import('@backstage/plugin-catalog-backend/alpha'));
backend.add(import('@backstage/plugin-catalog-backend-module-github/alpha'));
backend.add(import('@backstage/plugin-catalog-backend-module-github-org'));
```

次にcatalogにプロバイダーとデータ取得間隔を設定し、GitHub Organizationのデータをインポートします。新バックエンドシステムでは、app-config.yaml内でプロバイダーとデータ取得間隔を指定します。app-config.local.yamlにcatalogセクションを追記します。githubUrlには、取得したいGitHub OrganizationのURLを指定します。以下の設定では、1時間に1回データ取得を行います。

リスト3.15: プロバイダーとデータ取得間隔の追記
```
catalog:
  providers:
    githubOrg:
      id: 'github-local'
      githubUrl: 'https://github.com/<org名>'
      schedule:
        frequency:
          minutes: 60
        timeout:
          minutes: 5
        initialDelay:
          seconds: 10
```

上記の設定完了後、Backstageを再起動してみましょう。正常にOrganizatonから情報が取得できている場合、コンソールに以下のようなメッセージが表示されます。

リスト3.16: GitHub Organizationのインポートログ

```
[1] 2024-03-23T07:45:10.036Z catalog info Read 2 GitHub users and 2 GitHub teams
in 1.3 seconds. Committing... //後略
[1] 2024-03-23T07:45:10.041Z catalog info Committed 2 GitHub users and 2 GitHub
teams in 0.0 seconds. //後略
```

　エラーが発生した場合は、たとえば以下のようなエラーメッセージが表示されます。権限などが正常に設定されているかを確認してください。とくに、InstallしたGitHub Appsの権限にOrganization permissionsの`Members: Read-only`が設定されているかを確認してください。設定画面の「Developer settings」の「GitHub Apps」を開き、対象のAppsのEdit画面で、左ペインのPermissions & eventsから設定されている権限の確認が可能です。権限を更新した場合には、「Third-party Access」のGitHub Apssから対象のAppsを開き、更新した権限の承認を行うのを忘れないようにしてください。

リスト3.17: GitHub Organizationのインポートエラー

```
...
[1] 2024-03-23T07:40:43.302Z catalog error GithubOrgEntityProvider:production
refresh failed, GraphqlResponseError: Request failed due to following response
errors:
[1]  - Resource not accessible by integration Request failed due to following
response errors:
...
```

　正常にインポートされたら、再度サインインを試みてみましょう。今度はサインインが成功するはずです。

　ユーザーの読み込みが正常に行われると、OrgのMembers情報がBackstageのUser、OrgのTeam情報がBackstageのGroupとして登録されます。今回読み込んだOrgは本書用に用意したもので、著者2名が所属しています。TeamにはBookAuthorとSample Teamのふたつが登録されています。これらがそれぞれ、BackstageのUserとGroupに反映されているのが確認できます。

図3.11: GitHub Organizationのユーザー情報が反映されたBackstage User画面

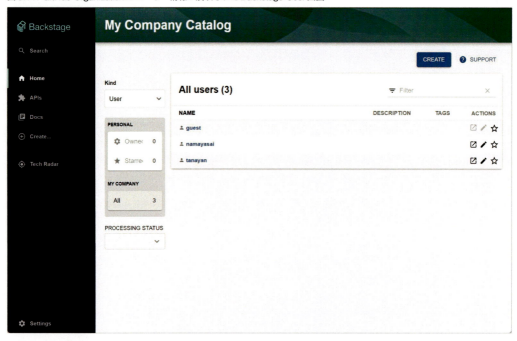

図3.12: GitHub Organizationのグループ情報が反映されたBackstage Group画面

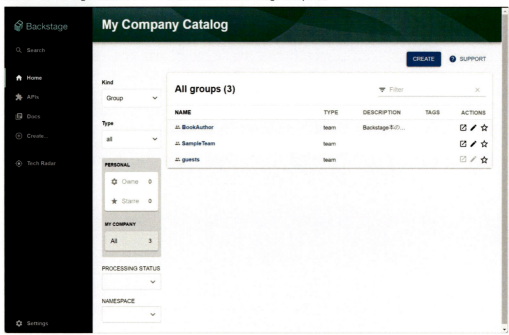

　左下のSettingsも確認してみましょう。今度はBackstage Identityの部分に、GitHub OrganizationのUser情報とTeam情報がそれぞれ`User Entity`と`Ownership Entities`に反映されているはずです。

図3.13: 組織アカウント情報が反映された設定画面

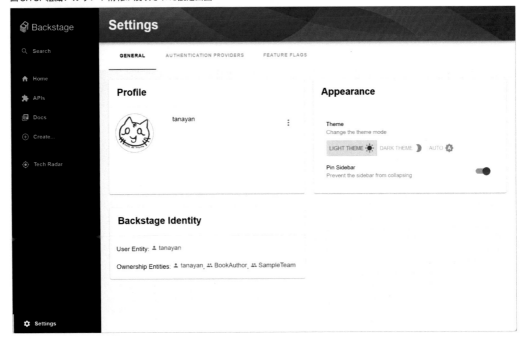

3.5 UIカスタマイズ

アプリケーションのUI/UXは、そのまま利用者の利用体験・満足度に直結します。Backstageでは、組織のニーズに合ったカスタマイズを可能にするため、コンポーザブルに設計されています。

今回は、Backstageにアクセスした際のトップページをカスタマイズしてみます。

Backstage Homepageのカスタマイズ

Backstageをcreate-appコマンドで起動すると、BackstageのトップページはSoftware Catalogに設定されています。このトップページを、Home pluginを使用してカスタマイズしてみましょう。

まず、Home pluginをインストールします。

```
# From your Backstage root directory
yarn --cwd packages/app add @backstage/plugin-home
```

プラグインを導入したら、新しいトップページ用のコンポーネントを準備していきましょう。packages/app/src/componentsディレクトリー配下に、homeディレクトリーを作成し、その中にHomePage.tsxファイルを作成します。まずはシンプルに、以下の内容を記載します。

リスト3.18: HomePage.tsx の作成

```
// packages/app/src/components/home/HomePage.tsx

import React from 'react';

export const HomePage = () => (
  /* We will shortly compose a pretty homepage here. */
  <h1>Welcome to Backstage!</h1>
);
```

次は、作成したトップページを表示させてみましょう。Backstage の起動直後は、Software Catalog がトップページとして表示されるよう、リダイレクトの設定がされています。このリダイレクトの設定は、`packages/app/src/App.tsx` に記述されています。

リスト3.19: Software Catalog へのリダイレクト設定

```
const routes = (
  <FlatRoutes>
    <Route path="/" element={<Navigate to="catalog" />} />
    <Route path="/catalog" element={<CatalogIndexPage />} />

    {/* ... */}

  </FlatRoutes>
);
```

`<Route path="/" element={<Navigate to="catalog" />} />` の部分を先ほど作成したトップページに変更します。また、同時に `import { Navigate, Route } from 'react-router-dom';` から不要になる `Navigate` を削除します。

リスト3.20: HomePage の追加

```
import { Route } from 'react-router-dom'; // Navigateを削除

// 以下を追記
import { HomepageCompositionRoot } from '@backstage/plugin-home';
import { HomePage } from './components/home/HomePage';

const routes = (
  <FlatRoutes>
    {/* path="/" の表示先を書き換える */}
    {/* <Route path="/" element={<Navigate to="catalog" />} /> */}
    <Route path="/" element={<HomepageCompositionRoot />}
```

50　第3章　ローカル環境インストールとセットアップ

```
      <HomePage />
    </Route>

    {/* ... */}

  </FlatRoutes>
);
```

　トップページがSoftware CatalogからHomePageに変更されます。Backstageのロゴをクリックすると、新しいトップページが表示されるはずです。ホットリロードされるため、Backstage自体の再起動は不要です。うまく表示されない場合は、手動でリロードしてみてください。

図3.14: カスタマイズされたトップページ

　さて、この状態だとサイドバーのHomeをクリックしたときは、変わらずSoftware Catalogが表示されてしまいます。トップページとSoftware Catalog双方に移動できるよう、サイドバーも更新してみましょう。

　Backstageサイドバーは、`packages/app/src/components/Root/Root.tsx`に記述されています。以下のように記述を変更してみてください。`<SidebarItem icon={HomeIcon} to="catalog" text="Home" />`となっている部分を`<SidebarItem icon={HomeIcon} to="/" text="Home" />`に変更し、新たに`<SidebarItem icon={CategoryIcon} to="catalog" text="Catalog" />`を追加します。

リスト 3.21: サイドバーの Home の変更

```
import CategoryIcon from '@material-ui/icons/Category';

export const Root = ({ children }: PropsWithChildren<{}>) => (
  <SidebarPage>
    <Sidebar>
      <SidebarLogo />
      <SidebarGroup label="Search" icon={<SearchIcon />} to="/search">
        <SidebarSearchModal />
      </SidebarGroup>
      <SidebarDivider />
      <SidebarGroup label="Menu" icon={<MenuIcon />}>
        {/* Global nav, not org-specific */}
        {/* <SidebarItem icon={HomeIcon} to="catalog" text="Home" /> */}
        <SidebarItem icon={HomeIcon} to="/" text="Home" />
        <SidebarItem icon={CategoryIcon} to="catalog" text="Catalog" />

        <MyGroupsSidebarItem
          singularTitle="My Group"
          pluralTitle="My Groups"
          icon={GroupIcon}
        />
        <SidebarItem icon={ExtensionIcon} to="api-docs" text="APIs" />
        <SidebarItem icon={LibraryBooks} to="docs" text="Docs" />
        <SidebarItem icon={CreateComponentIcon} to="create" text="Create..." />
        {/* End global nav */}
        <SidebarDivider />

        {/* ... */}

      </SidebarGroup>
    </Sidebar>
  </SidebarPage>
);
```

これで、サイドバーの表示とリンク先が更新されました！

図3.15: カスタマイズされたサイドバー

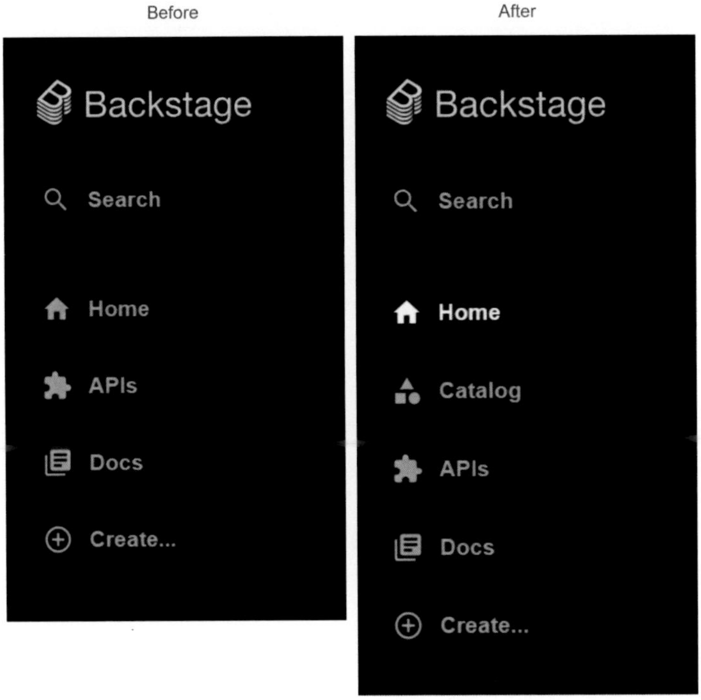

　Backstageのトップページをカスタマイズする方法を紹介しましたが、このままだと味気のないトップページが表示されるだけです。もちろん自分でカスタマイズしていくことも可能ですが、BackstageにはデフォルトのテンプレートやコンポーネントがStorybookとして用意されています[19]。

　テンプレートはStorybookのPLUGINS > Home > Templates > DefaultTeamplte[20]にあります。下ペインのStoryタブからコードを確認できます。

19.https://backstage.io/storybook
20.https://backstage.io/storybook/?path=/story/plugins-home-templates--default-template

図3.16: StorybookのHome Template

テンプレートではなくホームページを構成するコンポーネントを見たい場合には、StorybookのHome Componentsのコレクション[21]を参照するとよいでしょう。

今回は試しに、検索バーとQuick Access用のリンク集、最近アクセスしたページと自分がお気に入りに追加したページをトップページに表示するようにカスタマイズしてみましょう。packages/app/src/components/home/HomePage.tsxを以下のように変更します。

リスト3.22: HomePage.tsxのカスタマイズ

```
import { Page, Content, InfoCard } from '@backstage/core-components';
import {
  HomePageStarredEntities,
  HomePageToolkit,
  HomePageRecentlyVisited,
  TemplateBackstageLogoIcon,
  ComponentAccordion,
} from '@backstage/plugin-home';
import { HomePageSearchBar } from '@backstage/plugin-search';
import { SearchContextProvider } from '@backstage/plugin-search-react';
import { Grid, makeStyles } from '@material-ui/core';
import React from 'react';

const useStyles = makeStyles(theme => ({
  searchBarInput: {
    maxWidth: '60vw',
```

21.https://backstage.io/storybook/?path=/story/plugins-home-components-searchbar--custom-styles

```
      margin: 'auto',
      backgroundColor: theme.palette.background.paper,
      borderRadius: '50px',
      boxShadow: theme.shadows[1],
    },
    searchBarOutline: {
      borderStyle: 'none',
    },
}));
export const InAccordion = () => {
  const ExpandedComponentAccordion = (props: any) => (
    <ComponentAccordion expanded {...props} />
  );
  return (
    <InfoCard title="Toolkit" noPadding>
      <Grid item>
        <HomePageToolkit
          title="Tools 1"
          tools={[
            {
              url: 'https://backstage.io/docs',
              label: 'Docs',
              icon: <TemplateBackstageLogoIcon />,
            },
            {
              url: 'https://github.com/backstage/backstage',
              label: 'GitHub',
              icon: <TemplateBackstageLogoIcon />,
            },
            {
              url: 'https://github.com/backstage/backstage/blob/master/CONTRIBUT
ING.md',
              label: 'Contributing',
              icon: <TemplateBackstageLogoIcon />,
            },
            {
              url: 'https://backstage.io/plugins',
              label: 'Plugins Directory',
              icon: <TemplateBackstageLogoIcon />,
            },
            {
```

```
            url: 'https://github.com/backstage/backstage/issues/new/choose',
            label: 'Submit New Issue',
            icon: <TemplateBackstageLogoIcon />,
          },
        ]}
        Renderer={ExpandedComponentAccordion}
      />
      <HomePageToolkit
        title="Tools 2"
        tools={Array(8).fill({
          url: '#',
          label: 'link',
          icon: <TemplateBackstageLogoIcon />,
        })}
        Renderer={ComponentAccordion}
      />
      <HomePageToolkit
        title="Tools 3"
        tools={Array(8).fill({
          url: '#',
          label: 'link',
          icon: <TemplateBackstageLogoIcon />,
        })}
        Renderer={ComponentAccordion}
      />
    </Grid>
  </InfoCard>
  );
};
export const HomePage = () => {
  const classes = useStyles();
  return (
    <SearchContextProvider>
      <Page themeId="home">
        <Content>
          <Grid container justifyContent="center" spacing={2}>
            <Grid container item xs={12} justifyContent="center">
              <HomePageSearchBar
                InputProps={{
                  classes: {
                    root: classes.searchBarInput,
```

```
                    notchedOutline: classes.searchBarOutline,
                },
            }}
            placeholder="Search"
          />
        </Grid>
        <Grid container item xs={12} spacing={2}>
          <Grid item xs={12} md={6}>
            <InAccordion />
          </Grid>
          <Grid item xs={12} md={6}>
            <Grid container direction="column" spacing={2}>
              <Grid item xs={12}>
                <HomePageRecentlyVisited />
              </Grid>
              <Grid item xs={12}>
                <HomePageStarredEntities />
              </Grid>
            </Grid>
          </Grid>
        </Grid>
      </Grid>
    </Content>
  </Page>
  </SearchContextProvider>
  );
};
```

簡単にコードの解説をします。

・**検索バー**

@backstage/core-componentsからページの基本的なレイアウトを提供してくれるPageとContentをインポートし、@backstage/plugin-searchから検索バーのコンポーネントであるHomePageSearchBarをインポートしています。

@backstage/plugin-search-reactからSearchContextProviderをインポートしています。これはReactのContext APIを使用して、検索関連のデータや関数を子コンポーネントに提供してくれます。

useStylesはmakeStyles（CSS-in-JSのスタイルを作成するための関数）を使用して、スタイルを定義するカスタムフックです。ここでは、検索バーの入力フィールド（searchBarInput）とそのアウトライン（searchBarOutline）のスタイルを定義しています。

HomePageコンポーネント部分が実際に表示される部分です。SearchContextProviderで全体を

ラップし、その中にPageとContent、そして検索バーを配置しています。検索バーはGridコンポーネントを使用して中央に配置され、InputPropsプロパティーを通じてスタイルを適用しています。

・**Quick Access用のリンク集**

リンク集は、HomePageToolkitコンポーネントを使用して表示します。今回はいくつかの種類のリンク集を追加する想定で、ComponentAccordionコンポーネントを使用してアコーディオン形式で表示します。

InAccordionコンポーネントは、InfoCardコンポーネントを使用してアコーディオン形式でリンク集を表示するコンポーネントです。

HomePageToolkitコンポーネントを使用して、リンク集のタイトル、URL、ラベル、アイコンを指定します。Rendererプロパティーには、リンク集をどのように描画するかを定義したコンポーネントを指定します。ExpandedComponentAccordionを指定すると、アコーディオンが展開された状態で表示され、ComponentAccordionを指定すると、折りたたまれた状態で表示されます。

上記のコードでは、ひとつ目のリンク集に公式のデモサイト[22]のToolkitの内容を、ふたつ目と3つ目にはダミーリンクを設定しています。Array(8).fill()でリンクの数を指定していますが、実際のリンク数は適宜変更してください。また、コンポーネント定義の長さが長くなる場合は、別ファイルに分割してインポートするなどして整理をオススメします。

HomePageコンポーネント内では、検索バーの下の左半分にInAccordionを表示するよう、Gridコンポーネントを使用して配置しています。

・**最近アクセスしたページと自分がお気に入りに追加したページ**

最近アクセスしたページはHomePageRecentlyVisitedコンポーネント、お気に入りに追加したページはHomePageStarredEntitiesコンポーネントを使用して表示します。

これらのコンポーネントを@backstage/plugin-homeからインポートし、リンク集の右側に表示されるように、Gridコンポーネントを使用してHomePageコンポーネントに追加しています。

HomePageRecentlyVisitedコンポーネントが動作するためには、訪問データを扱うAPIを必要とします[23]。詳細については、Utility APIのドキュメント[24]を参照してください。

HomePageRecentlyVisitedコンポーネントを動作させるために、packages/app/src/apis.tsとpackages/app/src/App.tsxを更新します。

リスト3.23: APIの追記

```
// packages/app/src/apis.ts

import {
  ScmIntegrationsApi,
  scmIntegrationsApiRef,
  ScmAuth,
} from '@backstage/integration-react';
```

22.https://demo.backstage.io/home
23.https://github.com/backstage/backstage/blob/master/plugins/home/README.md#page-visit-homepage-component-homepagetopvisited--homepagerecentlyvisited
24.https://backstage.io/docs/api/utility-apis

```
import {
  AnyApiFactory,
  configApiRef,
  createApiFactory,
  identityApiRef, // 追記
  storageApiRef, // 追記
} from '@backstage/core-plugin-api';
// 追記
import { VisitsStorageApi, visitsApiRef } from '@backstage/plugin-home';

export const apis: AnyApiFactory[] = [
  createApiFactory({
    api: scmIntegrationsApiRef,
    deps: { configApi: configApiRef },
    factory: ({ configApi }) => ScmIntegrationsApi.fromConfig(configApi),
  }),
  ScmAuth.createDefaultApiFactory(),

  // 追記
  // Implementation that relies on a provided storageApi
  createApiFactory({
    api: visitsApiRef,
    deps: {
      storageApi: storageApiRef,
      identityApi: identityApiRef,
    },
    factory: ({ storageApi, identityApi }) =>
      VisitsStorageApi.create({ storageApi, identityApi }),
  }),
];
```

　ページ訪問アクティビティーを監視し、ユーザーに代わって保存するためのコンポーネントが提供されているので、これを App.tsx に追加します。export default app.createRoot 部分に<VisitListener />を導入します。

リスト 3.24: App.tsx の追記

```
// packages/app/src/App.tsx

// 既存のimportを更新
import { HomepageCompositionRoot, VisitListener } from '@backstage/plugin-home';
```

```
// <VisitListener /> を追記
export default app.createRoot(
  <>
    <AlertDisplay />
    <OAuthRequestDialog />
    <AppRouter>
      <VisitListener />
      <Root>{routes}</Root>
    </AppRouter>
  </>,
);
```

これにて、UIのカスタマイズは完了です。トップページが以下のように更新されているはずです。

図3.17: カスタマイズされたトップページ

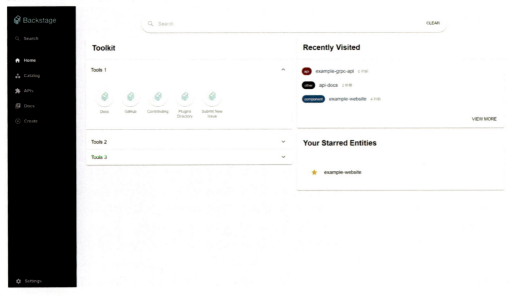

理想のトップページUIを目指して、色々とカスタマイズしてみてください。このほかにも、カスタムテーマの設定、ロゴの変更、更なるサイドバーのカスタマイズ等も可能です。あわせて公式ドキュメントのCustomize the look-and-feel of your App[25]を参照してみてください。

> **Utility API**
>
> Backstageは、クライアントサイドのコードでプラグインが境界を越えて通信するためのふたつの主要な方法を提供しています。ひとつ目はcreatePlugin APIとそれが提供する拡張機能で、ふたつ目はUtility APIです。createPlugin

---

25.https://backstage.io/docs/getting-started/app-custom-theme

APIがプラグインとアプリの初期化に重点を置いているのに対し、Utility APIはプラグインがほかのプラグインと通信するためのAPIを提供します。

`HomePageRecentlyVisited`コンポーネントを動作させる際に登場したUtility APIについて、少し深堀りしてみましょう。

Utility APIのアーキテクチャは、下図の右のように表されます[26]。

図3.18: Utility APIのアーキテクチャ

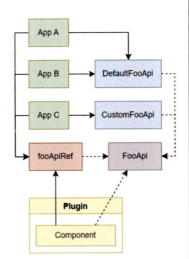

ApiRefインスタンスは、Utility APIの利用者と提供者の間に間接的なポイントを提供します。そのため、利用者であるコンポーネントやプラグインは、提供されるAPIの具体的な実装を直接参照することなく、型安全な方法でAPIを利用できます。

今回定義した訪問データを扱うAPIについて、考えてみましょう。`createApiFactory`関数を使用して、`visitsApiRef`に対応するAPIファクトリを作成しています。これは、BackstageのプラグインシステムにこのAPIの実装方法を指示している部分です。このAPIファクトリ全体が、APIの提供者として機能します。`deps`オブジェクトで、このAPIが依存する他のAPIを指定しています。`factory`関数は依存するAPIのインスタンスをApiRefを通して受け取り、実際のAPI実装を返します。ここでは`VisitsStorageApi.create()`を呼び出して、新しいインスタンスを作成しています。

上記のように、Utility APIでは高レベルモジュールが低レベルモジュールに直接依存せず両者が抽象（APIRef）に依存していることで、モジュール間の結合度が低く保たれシステムの柔軟性、テスト容易性が保たれています。

---

26. 出典元：https://backstage.io/docs/api/utility-apis/#architecture

3.6 まとめ

本章では、Backstageのローカル環境でのインストールとセットアップについて解説しました。

次章では、Backstageのコア機能について詳しく解説します。また10章以降で、本章でローカルにセットアップしたBackstageをProduction ReadyになるようKubernetesにデプロイする方法や、環境を可視化するKubernetesプラグインについて解説します。

第4章　Software Catalog

　Backstageのサービスとして、5つのコア機能が搭載されています。それぞれ「Software Catalog」、「Software Templates」、「Kubernetes」、「Backstage Search」、「TechDocs」です。本章では、Software Catalogについて解説します。

4.1　Software Catalogの概要

　Software Catalogは、カタログとして中央集権的に管理するためのBackstageの機能です。たとえば、開発したウェブサービスやデータパイプラインや開発ライブラリーなど、開発チームや会社のエコシステムのメタデータ(所有者の情報など)をBackstage上で中央集権的に管理できます。この機能により、開発チームはサービスのオーナーシップやサービス間の関係性など、開発に必要な情報をトラッキングできます。カタログは、Kubernetesのファイル形式に似たYAMLファイルの形式でコードと共に保持され、Backstage上に表示されます。

4.2　Software Catalogの役割

　カタログは、主な以下の機能を用いて、組織内のソフトウェアシステムや関連リソースの情報を集約したハブのような役割を果たします。
・複数のソースからエンティティー情報を収集
・収集したデータの検証、分析、変換
・整理したエンティティー情報をAPI経由で提供
　これにより、Backstageのユーザーは、カタログAPIを通して必要な情報にすばやくアクセスできるようになります。

4.3　Software Catalogのコンセプト

　カタログバックエンドを理解するうえで、押さえておくべき主要なコンセプトは以下の4つです。
　1．エンティティー
　2．エンティティープロバイダー
　3．ポリシー
　4．プロセッサー
　Backstageの開発者はこれらをカスタマイズし、拡張できます。

エンティティー

　エンティティーは、Backstageのカタログが管理する基本的な情報単位です。ソフトウェアシス

テムやそれに関連するリソースを表現するために使用されます。具体的には、以下のようなものがエンティティーとして扱われます。

- サービス
- ウェブサイト
- ライブラリー
- リソース(DBなど)
- テンプレート
- チーム
- ユーザー

デフォルトで用意されているエンティティーは、ドキュメントを参照ください。[1]

これらのエンティティーは、Backstageのフロントエンドで一覧表示やカード表示され、各エンティティーの詳細情報にアクセスできるようになります。

図 4.1: コンポーネントエンティティーサンプル

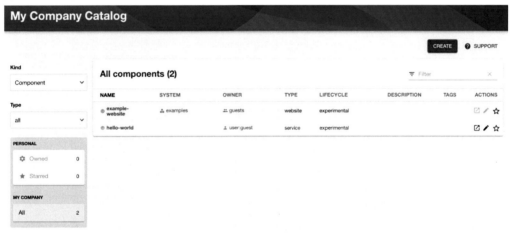

エンティティーを利用することで、以下のようなメリットがあります。

- ソフトウェアシステムのコンポーネントを一元管理できる
- 各コンポーネントの詳細情報にすばやくアクセスできる
- コンポーネント間の関係を可視化できる
- ドキュメントやその他の関連リソースにリンクできる
- 所有者や担当者の情報を明確にできる

エンティティーは、カタログの中核をなす概念であり、その構造と活用方法を理解することが重要です。

エンティティーの構造は、以下の要素で構成されています。

- apiVersion: エンティティーの構造を定義するスキーマのバージョン（例: backstage.io/v1alpha1）
- kind: エンティティーの種類（例: Component, System, API, Location, User）

1.Descriptor Format of Catalog Entities： https://backstage.io/docs/features/software-catalog/descriptor-format

- metadata: エンティティーのメタデータ情報
    — name (必須): エンティティーの名前
    — namespace (オプション): エンティティーが属する名前空間
    — labels (オプション): エンティティーに付与されるラベル
    — annotations (オプション): エンティティーに関する追加の注釈
- spec: エンティティーの詳細情報を定義するオブジェクト（kindごとに異なる構造）

エンティティーはYAML形式で管理されており、以下はエンティティーの例です。

リスト4.1: エンティティーのYAMLの例

```yaml
apiVersion: backstage.io/v1alpha1
kind: Component
metadata:
  name: example-service
  description: An example service
  labels:
    example.com/service-type: backend
spec:
  type: service
  lifecycle: production
  owner: team-a
  providesApis:
    - example-api
```

エンティティーは、他のエンティティーと関連付けることができます。関連付けには、以下のような種類があります。

- ownerOf: エンティティーの所有者を示す（例: GroupがComponentを所有）
- ownedBy: エンティティーが所有されていることを示す（ownerOfの逆の関係）
- providesApi: エンティティーが提供するAPIを示す（例: ComponentがAPIを提供）
- consumesApi: エンティティーが消費するAPIを示す（例: ComponentがAPIを利用）
- dependsOn: エンティティーが依存する他のエンティティーを示す（例: Componentが他のComponentに依存）

図 4.2: コンポーネント間のリレーション画面

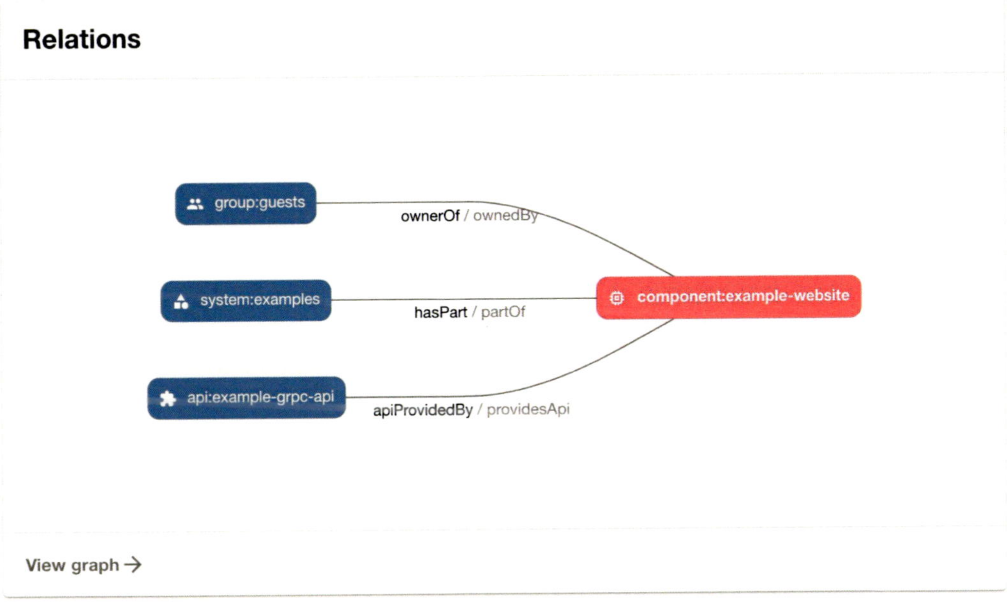

Relations

[group:guests] ——ownerOf / ownedBy—— [component:example-website]
[system:examples] ——hasPart / partOf——
[api:example-grpc-api] ——apiProvidedBy / providesApi——

View graph →

　これらの関連付けは、カタログのエンティティー間のリンクを形成し、システム全体のアーキテクチャを把握するのに役立ちます。

　コンポーネントのエンティティーファイルは、通常 `catalog-info.yaml` という名前で定義されており、対応するソフトウェアコンポーネントのリポジトリーのルートディレクトリーに配置されます。その設定は Backstage の設定ファイル（`app-config.yaml`）内でエンティティーを定義しており、任意の場所や名前に変更できます。

リスト 4.2: エンティティーの定義

```
catalog:
  import:
    entityFilename: catalog-info.yaml
    pullRequestBranchName: backstage-integration
  rules:
    - allow: [Component, System, API, Resource, Location]
  locations:
    - type: file
      target: ../../examples/entities.yaml

    - type: file
      target: ../../examples/template/template.yaml
      rules:
        - allow: [Template]
```

第 4 章　Software Catalog

```
    - type: file
      target: ../../examples/org.yaml
      rules:
        - allow: [User, Group]
```

　定義されたエンティティーは、Backstageのカタログに登録され、フロントエンドで閲覧できるようになります。

エンティティープロバイダー

　エンティティープロバイダーは、Backstageのカタログにエンティティー情報を供給する仕組みです。さまざまなデータソースからエンティティーを読み込み、カタログに登録する役割を担います。Backstageには、デフォルトでいくつかのエンティティープロバイダーが用意されています。
・YAML構成ファイル用プロバイダー
・GitHubプロバイダー
・GitLabプロバイダー
・Bitbucketプロバイダー

　これらのプロバイダーを使用することで、対応するデータソースからエンティティー情報を自動的に取り込むことができます。

ポリシー

　ポリシーは、Backstageのカタログにおいて、エンティティーの検証ルールを定義するための仕組みです。エンティティーが特定の条件を満たしているかどうかをチェックし、不適切なエンティティーがカタログに登録されるのを防ぐ役割を果たします。ポリシーを使用することで、以下のようなことが実現できます。
・エンティティーの必須フィールドの存在チェック
・エンティティーの命名規則の強制
・エンティティーの属性値の検証
・カスタムロジックによるエンティティーの検証

　ポリシーは、カタログのデータ品質を維持し、一貫性のあるエンティティー管理を実現するために重要な機能です。

プロセッサー

　プロセッサーは、Backstageのカタログにおいて、エンティティーデータを処理するためのコンポーネントです。エンティティーが作成、更新、または削除されたときに、プロセッサーがそのエンティティーに対して特定の処理を実行します。プロセッサーは、以下のような目的で使用されます。
・エンティティーの検証
・エンティティーデータの強化（エンリッチメント）

・エンティティーの関連付け

・カスタムロジックの適用

プロセッサーは、カタログのデータ品質を維持し、エンティティーに関する追加情報を提供するために重要な役割を果たします。

4.4 カタログバックエンドの処理

コンセプトに関連するカタログバックエンドの処理を紹介します。カタログバックエンドは、大きく分けて3つのフェーズで処理を行います。

- Ingestion
  — エンティティープロバイダーが外部ソースから生のエンティティーデータを取得し、データベースに登録する処理
- Processing
  — ポリシーとプロセッサーが継続的に取り込まれたデータを処理する処理
- Stiching
  — さまざまなプロセッサーから出力したデータを、出力用のエンティティーへ最終的に集約する処理

Backstageを通じて表示されているエンティティーは、このStitchingした結果が表示されています。

Ingestion

インジェストフェーズでは、設定されたエンティティープロバイダーがそれぞれ外部ソースからエンティティーデータを取得し、カタログデータベースに登録します。エンティティープロバイダーが外部ソースからデータを取得し、エンティティーオブジェクトに変換して未処理のエンティティーとしてデータベースに保存します。プロバイダーは、アイデンティティ、カタログランタイムへの接続、変更イベントの発行という3つの主要部分を持ち、エンティティーの追加、削除、更新を通知します。

図4.3: Ingestion 概要

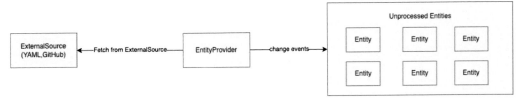

プロバイダーは、取得したデータを解析してエンティティーオブジェクトを作成し、それらをカタログに渡します。この時点では、エンティティーデータはまだ加工されていない生の状態です。

Processing

Ingestionの処理が完了すると、生のエンティティーデータはプロセスフェーズに渡されます。このフェーズでは、設定されたポリシーとプロセッサーによって、エンティティーデータの検証、分析、変換が行われます。

プロセッサーは未処理のエンティティーを受け取って、何らかの処理をする責任をもっています。未処理のエンティティーは複数の処理段階を経る必要があり、各処理段階でプロセッサーによって変更や補助データの発行が行われます。処理が完了すると、処理されたエンティティー、エラー、他のエンティティーへのリレーションが別々に保存されます。最終処理が完了し、エラーが発生しなかった場合、データベースへ登録され、Stichingへ処理が渡されます。

図4.4: Processing概要

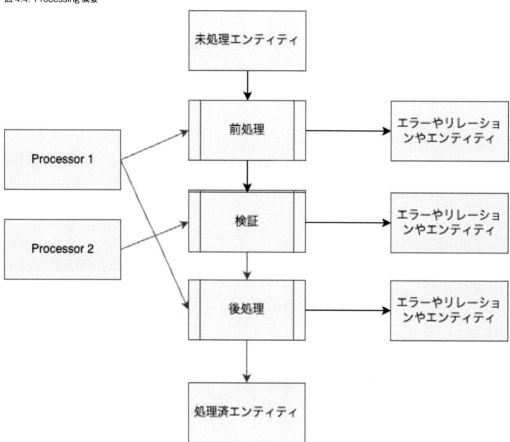

ここで注目すべき点は、登録解除や削除処理が行われないということです。このフェーズでは、未処理のエンティティーへの処理に重点が置かれ、登録解除や削除処理はIngestionで行われます。上記の図のように、このフェーズでは並列処理が行われるため、削除処理や登録解除処理が混在することによるリスクを減らし、一貫性と整合性を維持しながら、エンティティーのライフサイクルを効果的に管理できます。

> **エッジ**
>
> 　処理中にあるエンティティーが別のエンティティーを出力すると、カタログは出力元のエンティティーと出力先のエンティティーを結ぶエッジを記録します。これらのエッジは、エンティティー間の依存関係や関連性を表すグラフを形成します。ただし、プロセッサーが明示的に出力できるリレーションとは異なり、エッジはカタログシステムの内部で使用され、特定の目的のために使用されます。一方、リレーションは通常、ユーザーに提示されるエンティティー間の意味のある接続を表現するために使用されます。
> ・孤立したエンティティーの検出
> 　―エッジを追跡することで、カタログはエンティティーがグラフから切り離されたときに、そのエンティティーが関連性を失ったり、不要になったりした可能性があることを特定できます。
> ・即時削除の実行
> 　―ルートエンティティーが登録解除され、その子孫に依存する他のエンティティーがない場合、カタログはエッジ情報を使用して、グラフ全体の関連するすべてのエンティティーを効率的に削除できます。
> 　エッジはカタログシステムによって自動的に管理され、ユーザーがこのエッジを利用することはできません。エッジは内部的にエンティティーグラフの整合性と一貫性を維持すること、カタログがエンティティーの依存関係を処理することや、エンティティーが削除されたときに必要なクリーンアップ操作を実行可能にする上で重要な役割を果たしています。

Stiching

　スティッチングは、前のステップからの出力をすべて収集し、カタログAPIから見える最終オブジェクトにマージすることで、エンティティーを完成させる処理です。エンティティーが完成すると、スティッチング処理は検索テーブルも同様に更新します。[2]

---

2. ここで言及されている検索テーブルは、Backstageのコア検索機能とは関係ありません。カタログAPIクエリ結果をフィルタリングする機能を支える内部的なテーブルのことです。

図4.5: Stiching 概要

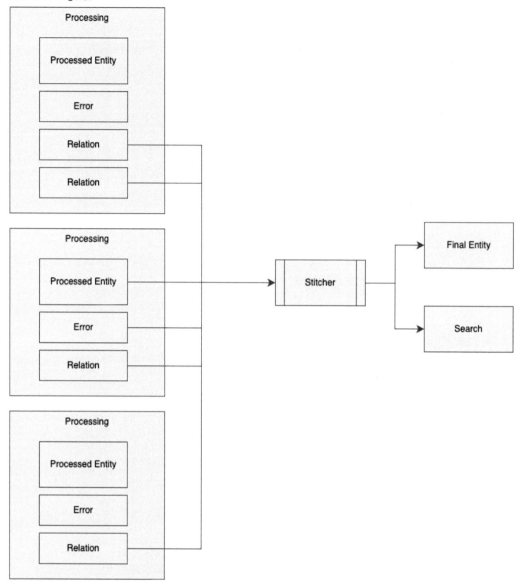

　この図はスティッチング処理により、どういった情報を取得し、マージ処理をしているのかを表しています。

・処理ステップから返された処理済みエンティティー
・処理ステップで出力されたエラー(ある場合)
・処理ステップで出力された関連するリレーション
　―当エンティティーのProcessing処理により発生した他のエンティティーへのリレーション
　―他エンティティーのProcessing処理により発生した当エンティティーへのリレーション
　スティッチ処理は更新や変更処理を行わず、FIXされるものであり、もし最終結果に加えたい変

更は、インジェストまたは処理の段階で行う必要があります。

> **孤立化**
>
> 　カタログ内のエンティティーは、データソースや他のエンティティーとの間にエッジと言われる関係性を持っています。この内部的なエッジが失われると、エンティティーが「孤立」してしまうことがあります。
>
> 　孤立エンティティーとは、カタログ内で他のエンティティーから参照されなくなったエンティティーのことを指します。Processingの処理で、親エンティティーから親の処理中に発行された子エンティティーへと向かいます。エッジは継続的に検証され、親と子のエンティティー間にエッジがなくなり、他のエンティティーからもエッジがない場合、孤立化します。孤立エンティティーは、backstage.io/orphanアノテーションがtrueに設定され、Backstage上でも確認できます。
>
> 　スティッチング処理は、子エンティティーにbackstage.io/orphan: 'true'アノテーションを注入します。子エンティティーはカタログから削除されませんが、カタログAPIを介して明示的に削除されるまで、または元の親や他の親から"再利用"されるまで残ります。Backstageの子エンティティーのカタログページは、新しいアノテーションを検出し、ユーザーに孤立状態を通知します。
>
> 　公式ドキュメントによると、エンティティーが孤立化するケースは、以下のパターンがありうると記載されています。
> ・カタログを更新せずに、バージョン管理システム上でcatalog-info.yamlを移動した場合
> ・ユーザーが親エンティティーのcatalog-info.yamlファイルを編集して、子エンティティーのエントリを削除した場合
>
> 　ステータスとしてエンティティーの孤立化をシステム上許容している理由として、安全性が挙げられています。Backstageというシステムは、情報を非同期的に取得しカタログとして管理していることによる一時的な孤立化や、ヒューマンエラーによる偶発的なミスでの孤立化が発生する可能性が十分あります。とくに外部システムがカタログに依存した設計になっている場合、外部システムがオーナーの同意なしにエンティティーを削除するといったケースなど、影響は非常に大きいでしょう。そのため、明示的なユーザーによるアクションを契機とした場合にのみ、カタログ機能はエンティティーを削除する考え方で設計されています。
>
> 　一方で、孤立化した場合に自動削除する機能も提供しています。カタログの設定で、孤立エンティティーの自動削除を有効にできます。app-config.yamlに以下の設定を追加します。
>
> リスト4.3: 孤立エンティティーの自動削除
> ```
> catalog:
>   orphanStrategy: delete
> ```
> 　この設定を有効にすると、孤立状態のエンティティーが自動的にカタログから削除されますが、予期しない削除が発生しうるので、注意が必要です。

4.5 エンティティー削除

　エンティティーを削除するには、明示的なユーザーによるアクションが必要であることは、孤立化のコラムで説明しました。そのエンティティー削除には、暗黙的な削除と明示的な削除という二種類の削除が存在します。

暗黙的削除

　暗黙的な削除は、Ingestionの機能の処理のひとつであるエンティティープロバイダーの処理によって発生します。エンティティープロバイダーは、GitHubなどの外部のソースからエンティティーを取得し、それらを自身の「バケット」内で管理します。プロバイダーがバケット内のエンティティー

を削除すると、そのエンティティーとそこから処理されたすべての子エンティティーが即座に削除の対象となります。ただし、他に親エンティティーがなく、孤立している場合にのみ、実際に削除されます。

図 4.6: 暗黙的な削除

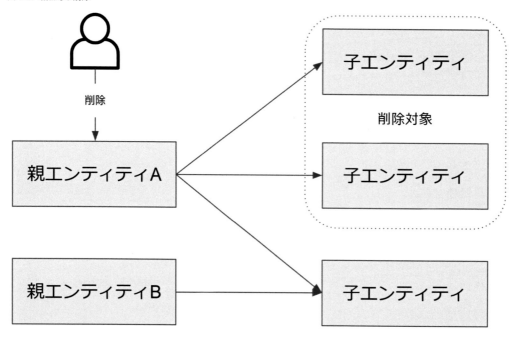

上記の図は親エンティティーAを削除しようとした場合、それに紐づく子エンティティーが削除されます。しかし、親エンティティーBとエッジを結んでいる子エンティティーは削除対象になりません。このように、暗黙的な削除による意図しない結果を避けるためには、エンティティーの依存関係を理解することが重要です。

一方で、暗黙的な削除はエンティティープロバイダーの動作に基づいて自動的にトリガーされるため、カタログの整合性が保たれ、孤立したエンティティーが蓄積するのを防ぐことができます。

明示的削除

カタログの画面操作や、API経由で個々のエンティティーを直接削除する方法が、明示的削除です。孤立したエンティティー、親エンティティーによってアクティブに最新の状態に保たれていないエンティティーに対して行う場合が想定されます。注意が必要な点として、親エンティティーと子エンティティー間で最新状態に保たれている子エンティティーに対して明示的な削除を試みると、親エンティティーが引き続き存在するため、定期的な親エンティティーのカタログ処理で子エンティティーがカタログ上に表示されます。

4.6 システムモデル

Backstageカタログにおけるソフトウェアは、以下の3つのコアエンティティーを使ってモデル化されています。

・コンポーネント
・API
・リソース

これらのコアエンティティーについて説明します。

図4.7: システムモデル概要図

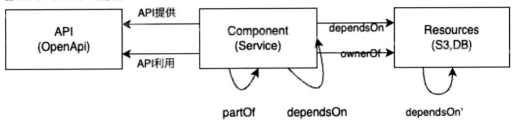

Component

コンポーネントはシステムの一部分で、ウェブサイト、バックエンドサービス、データパイプラインなどが含まれます。イメージが湧きづらい方向けに、たとえばEコマースのアプリを作ったとします。ここでこのアプリにおけるコンポーネントは決済機能であったり、ウェブサイトであったり、裏側で動くデータのパイプラインといったものを含みます。コンポーネントはAPIを提供することもあれば、他のコンポーネントが提供しているAPIを実行する場合もあります。Eコマースの例で言うと、決済処理コンポーネントは決済APIを提供します。一方で、アプリのカゴに入れた商品を発注する発注処理コンポーネントでは、決済処理が提供した決済APIを実行できます。コンポーネントは、システムの部品のひとつひとつのオブジェクトと言ってもいいでしょう。

API

APIは一般的にシステムをスケールアウトする場合、非常に重要な要素です。Backstageのシステムモデルにおいても、このエンティティーは最も重要な構成要素と言ってもいいでしょう。このAPIはシステムのエコシステムにおいて、コンポーネント間の境界を繋ぐような動きをします。BackstageではAPIエンティティーで、さまざまなコードインターフェイスで定義できます。

・RPC IDL（Protobuf、GraphQLなど）
・データスキーマ（Avro、TFRecordなど）

いずれの場合も、コンポーネントが公開するAPIは、既知のシステムフレンドリーな形式であることにより開発者はこのAPIを参照し、ツール開発や分析を簡単にします。

また、APIには可視性という考え方があります。

・パブリック

―他のすべてのコンポーネント(システム内外問わず)が利用可能
・制限付き
　　―許可されたコンシューマー(システム内外問わず)のみが利用可能
・プライベート
　　―そのシステム内でのみ利用可能

　この中でパブリック API はコンポーネント間の接続の主流となるため、Backstage ではすべての API のドキュメント化、インデックス作成、検索などに対応し、開発者が API を閲覧できるようにしています。

Resources

　リソースは、DB であったり、BigTable データベース、Pub/Sub トピック、S3 バケット、CDN などのリソースが含まれます。コンポーネントやシステムと一緒にモデル化することで、リソースの情報を可視化し、それらの周りのツール作成を行うことができるようになります。

エコシステムモデリング

　コンポーネント、API、リソースの大規模なカタログの場合、個々が非常に細分化され、全体として把握が難しいケースがあります。したがって、以下の概念を使用して、これらのエンティティーをさらに分類すると、より管理が容易になります。
・システム
・ドメイン

図 4.8: システムとドメイン

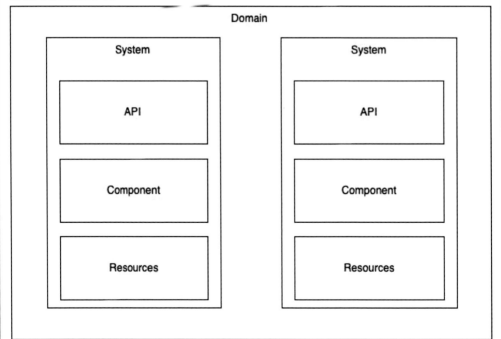

システムは、APIやコンポーネントやリソースをグルーピングした概念です。たとえば、音楽のプレイリストを管理するシステムエンティティーを考えてみると、「プレイリストを更新するコンポーネントおよびAPI」・「プレイリストを問い合わせるAPI」・「プレイリストを保存するためのDBリソース」といったものがまとめられるでしょう。このようにグルーピングすることで、ソフトウェア開発における管理を容易にしてくれます。

　ドメインは、そのシステムの論理的なグループ化であると言えます。たとえば、決済ドメインという括りを考えたとき、このドメインにはすべての決済システムが含まれます。ドメインによるグループ化により、それぞれの決済システムでAPIやコンポーネントを共有しやすくなり、ドメインごとにドキュメント管理やツールや運用を成熟させることができ、開発者の開発体験が高まります。

4.7 Software Catalogを使ってみよう

　ソフトウェアカタログ内のコンポーネントの情報源は、GitHubやGitLabなどのソース管理システムで保存しているYAMLファイルです。コンポーネントをカタログに追加するには、3つ方法があります。

・マニュアル登録
・テンプレートからのコンポーネント登録
・外部ソースと統合

　マニュアル登録は、既存のコンポーネントをカタログとして取り込むときに使います。たとえば、Backstageを導入前にGitHub上で管理していたサービスやAPIをBackstage上に取り込む場合に使います。

　サイドバーのCreateボタンを押下し、Register Existing Componentを押下します。

図4.9: マニュアル登録画面

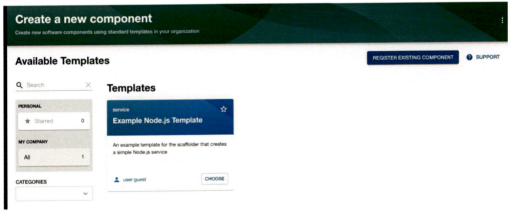

　コンポーネントが登録されているGitHubのURLを設定する項目や、GitHubに`catalog-info.yaml`をPushするためのPullRequestを設定する項目が表示されるので、適宜、値を設定します。

図4.10: マニュアル登録URL登録画面

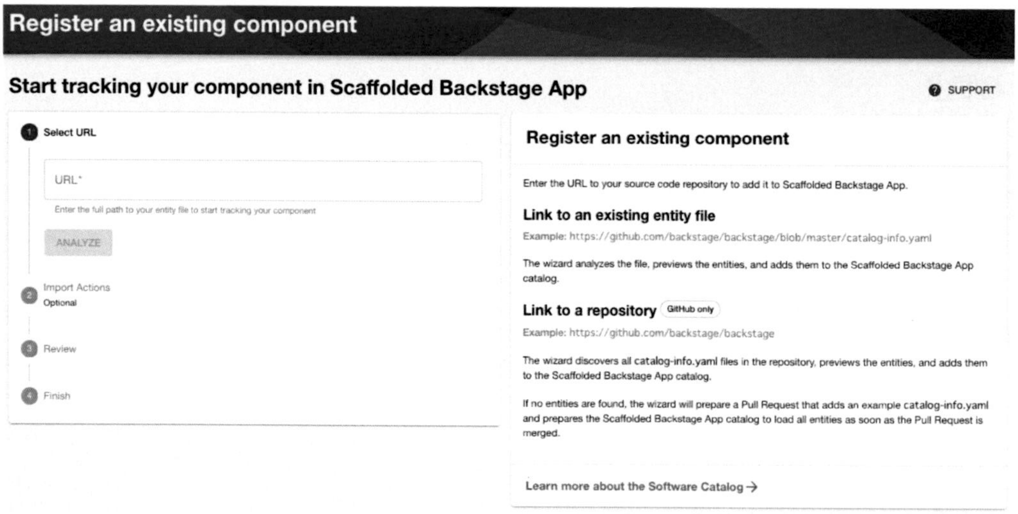

すべて完了すれば、無事にBackstage上で管理されることになります。

カタログを登録するときの重要なポイントは、メンテナンスされていないサービスも含めて登録するということです。というのも、会社やPJなどできちんとメンテナンスされているAPIやWebサイトやライブラリーなどは、誰がオーナーでどこで使われているかといったことは周知であることが多いです。しかし、メンテナンスされていないサービスは後々負の遺産になったり、同じようなものを作ったりということが起こりやすいです。それを防ぐためにも、ちゃんとBackstage上でトラッキングするということが大事です。また、Backstageで管理するということは、PJの資産の棚卸しという意味合いでも重要な意味を持つと思っています。

Backstageからのコンポーネント登録方法と外部ソースと統合方法については別章で取り上げるので、こちらは割愛します。

4.8 まとめ

Software Catalogは組織内のソフトウェアコンポーネント、API、リソースなどの開発資産を中央集権的に管理し、可視化するための機能を持つことがわかりました。次章は、このカタログを登録するために利用するテンプレート機能の説明をします。

第5章 Software Templates

　前章ではコア機能のひとつである、「Software Catalog」について解説しました。本章では、カタログとしてコンポーネントを登録するために利用する、「Software Templates」機能について説明します。

5.1 Software Templatesの概要

　Software Templatesは、Backstage上にコンポーネントを作成する際に役立つ機能です。この機能を利用することで、Webサービス用のテンプレートなどをあらかじめ用意でき、Backstage上で情報を一元的に管理できます。また、このテンプレートはGitLabやGitHubなどのソース管理システム上で公開することが可能で、必要に応じてBackstageに追加できます。

5.2 Software Templatesを使ってみよう

　ここでは画像を挟みながら、Software Templatesの使い方を説明します。

> 3章のローカルインストールが完了していることを前提とします。

　今回はGitHubを使用します。GitHub用のテンプレートアクションをバックエンド上で有効にする必要があります。

```
packages/backend/src/index.ts
```

のファイルを開いてください。
　以下のように、backend.start()の上に、「backend.add(import('@backstage/plugin-scaffolder-backend-module-github'));」を追加してください。

リスト5.1: GitHub Actions追加
```
backend.add(import('@backstage/plugin-scaffolder-backend-module-github'));←追加
backend.start();
```

　保存後、Backstageを起動してください。これで、GitHub用のテンプレートアクションが有効化されました。Software TemplatesはBackstageが起動しているアドレスの/createにアクセスすることで利用できます。もしローカル環境ならば、http://localhost:3000/createでアクセス可能です。もしくはBackstageを起動し、サイドバーのCreateボタンを押下することでも利用できます。

図 5.1: テンプレート選択画面

画面上に表示されているテンプレートを選択し、起動します。Chooseボタンを押下すると、テンプレートが起動し、名前などを入力する画面が表示されます。本項ではBackstageに含まれるサンプルのテンプレートを利用します。

コンポーネントの名前など、コンポーネント毎で管理したい項目については、実行前のこの画面で入力します。なお、ここでは自由入力枠の項目ではありますが、テンプレートを修正し、プルダウンメニューといった形で入力値を制限することもできます。

図 5.2: 変数入力画面

先ほどのテンプレートを選択し、名前を入力します。ここで入力する名前が、BackstageのSoftware Catalogで表示される名前となります。

78 | 第 5 章　Software Templates

図 5.3: 名前入力画面

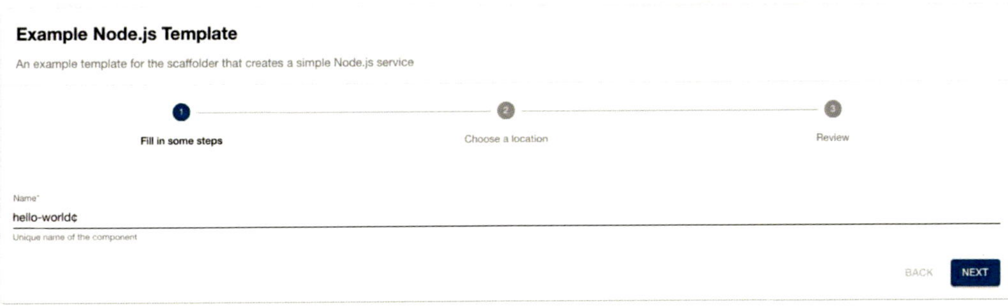

Nextボタンを押下すると、OwnerとRepositoryを入力する画面が表示されます。Ownerはリポジトリーオーナーの名前となります。私のGitHubアカウントはnamayasaiなので、Owner欄にnamayasaiと入力します。また、Repository欄に入力した値は、GitHub上にPushするリポジトリーの名前になります。

図 5.4: リポジトリー情報入力画面

確認画面が表示され、これまで設定した値が問題ないか確認します。

図 5.5: 確認画面

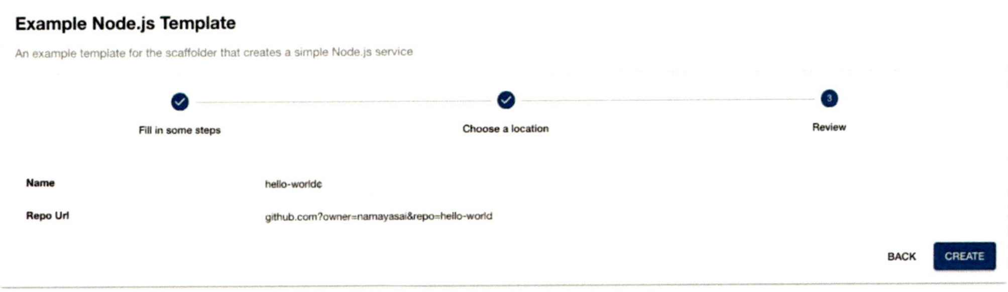

第 5 章 Software Templates 79

問題ないことを確認後、Createボタンを押下すると、以下のようにFetch→Publish→Registerと
アクションが進んでいることがわかります。これは後述のspec.stepで説明しますが、テンプレー
トが起動した際に実行するアクションが表示されます。今回ではテンプレートをダウンロードして、
リポジトリにプッシュし、最後Backstageにカタログとして登録するという流れになります。

図5.6: 起動画面

これらが問題なく完了していると、成功です！早速Backstageを見ていきましょう。サイドバー
のHomeボタンを押下すると、hello-worldが表示されていますね。

図5.7: Home画面

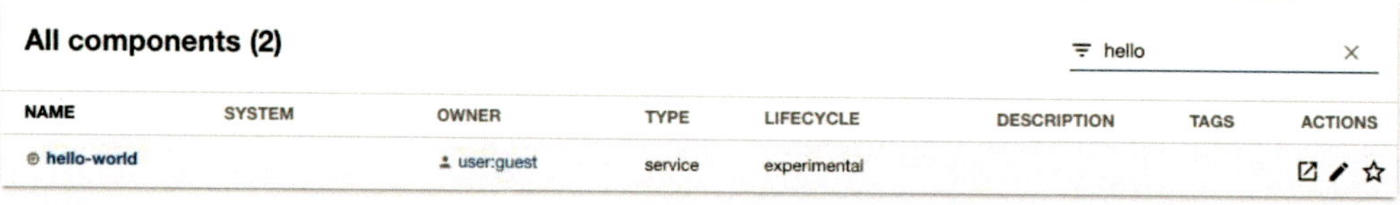

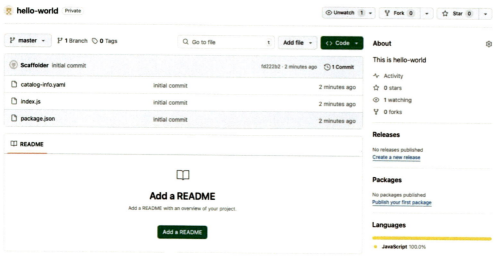

GitHubにログインしてみると、ちゃんとPushされていることがわかりますね。

図5.8: GitHub

Software Templatesを起動し、コンポーネントをBackstageに登録できました。
次からは、テンプレートを追加する方法を見ていきましょう。

5.3 自作テンプレートの追加

　実際にアプリケーションやソフトウェアをBackstage上で管理するようになると、自作のテンプレートが必要になってくると思います。ここでは、自作テンプレートを作成するにあたり、テンプレートの構造やそれぞれの項目について説明します。まずTemplateはSoftwareCatalogのEntityのひとつで、Template Kindとして定義することで、Backstage上でテンプレートと認識されます。

　では、サンプルファイルを使って、それぞれの項目を説明します。

リスト5.2: サンプルテンプレート

```yaml
# Notice the v1beta3 version
apiVersion: scaffolder.backstage.io/v1beta3
kind: Template
# some metadata about the template itself
metadata:
  name: v1beta3-demo
  title: Test Action template
  description: scaffolder v1beta3 template demo
spec:
  owner: backstage/techdocs-core
  type: service

  # these are the steps which are rendered in the frontend with the form input
  parameters:
    - title: Fill in some steps
      required:
        - name
      properties:
        name:
          title: Name
          type: string
          description: Unique name of the component
          ui:autofocus: true
          ui:options:
            rows: 5
        owner:
          title: Owner
          type: string
          description: Owner of the component
          ui:field: OwnerPicker
          ui:options:
            catalogFilter:
              kind: Group
```

```yaml
    - title: Choose a location
      required:
        - repoUrl
      properties:
        repoUrl:
          title: Repository Location
          type: string
          ui:field: RepoUrlPicker
          ui:options:
            allowedHosts:
              - github.com
            allowedOwners:
              - backstage
              - someGithubUser
            allowedRepos:
              - backstage

  # here's the steps that are executed in series in the scaffolder backend
  steps:
    - id: fetch-base
      name: Fetch Base
      action: fetch:template
      input:
        url: ./template
        values:
          name: ${{ parameters.name }}
          owner: ${{ parameters.owner }}

    - id: publish
      name: Publish
      action: publish:github
      input:
        allowedHosts: ['github.com']
        description: This is ${{ parameters.name }}
        repoUrl: ${{ parameters.repoUrl }}

    - id: register
      name: Register
      action: catalog:register
      input:
        repoContentsUrl: ${{ steps['publish'].output.repoContentsUrl }}
```

```
      catalogInfoPath: '/catalog-info.yaml'

  # some outputs which are saved along with the job for use in the frontend
  output:
    links:
      - title: Repository
        url: ${{ steps['publish'].output.remoteUrl }}
      - title: Open in catalog
        icon: catalog
        entityRef: ${{ steps['register'].output.entityRef }}
```

テンプレートは大きく分けて、parametersゾーンとstepゾーンのふたつで構成されています。parametersゾーンは画面上で値を入力する場所を定義し、stepゾーンは入力後のアクションを記入する場所を定義するといった形になります。

5.4　spec.parameters

　Parametersは、画面上で変更できるテンプレートの変数です。「Software Templatesを使ってみる」では、コンポーネントの名前やリポジトリーの名前などを入力しました。Parametersセクションでは、どういった値をユーザーに入力してもらうのか、を定義することになります。このParmetersセクションは柔軟な入力画面を設定でき、複数画面に分割したり、ひとつの長い画面として表示できます。

　以下は、Parametersの部分を抽出したものになります。

リスト5.3: parametersのサンプル

```
  # these are the steps which are rendered in the frontend with the form input
  parameters:
    - title: Fill in some steps
      required:
        - name
      properties:
        name:
          title: Name
          type: string
          description: Unique name of the component
          ui:autofocus: true
          ui:options:
            rows: 5
        owner:
          title: Owner
          type: string
```

```yaml
            description: Owner of the component
            ui:field: OwnerPicker
            ui:options:
              catalogFilter:
                kind: Group
      - title: Choose a location
        required:
          - repoUrl
        properties:
          repoUrl:
            title: Repository Location
            type: string
            ui:field: RepoUrlPicker
            ui:options:
              allowedHosts:
                - github.com
              allowedOwners:
                - backstage
                - someGithubUser
              allowedRepos:
                - backstage
```

技術的にはこれらの入力画面は「react-jsonschema-form」などに依存しており、内部ではYAMLをJSON形式に変換し、UIの表示に利用しています。YAML上で`ui`オプションを定義し、`uiSchema`を別途構築することで変数入力画面をカスタマイズすることが可能となります。

OwnerPicker

`OwnerPicker`は、カタログの入力を容易にする`ui:field`オプションです。すでにBackstage上にユーザーやグループを定義している場合、`OwnerPicker`を使うことで`RepoUrlPicker`と同様に、入力画面の手間を減らすことができます。Backstage上では、以下のようにグループとユーザーを定義しているとします。

リスト5.4: ユーザー・グループ情報

```yaml
---
# https://backstage.io/docs/features/software-catalog/descriptor-format#kind-user
apiVersion: backstage.io/v1alpha1
kind: User
metadata:
  name: guest
spec:
  memberOf: [guests]
```

```
---
# https://backstage.io/docs/features/software-catalog/descriptor-format#kind-group
apiVersion: backstage.io/v1alpha1
kind: Group
metadata:
  name: guests
spec:
  type: team
  children: []
```

この状態で、サンプルファイルを実際に起動してみましょう。

図 5.9: OwnerPicker

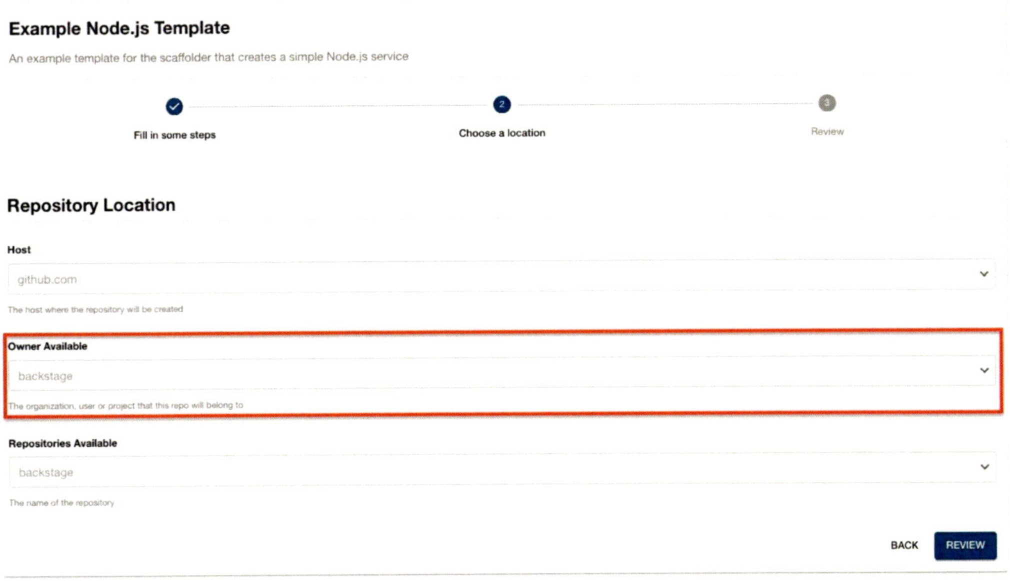

Ownerがグレーアウトしており、選択できないようになっております。これは、catalogFilterの機能でGroupのカタログのみを表示できるようにしているためです。このcatalogFilterの例として、default namespaceのユーザーのみや、github.com/team-slugというアノテーションが付与されているグループのみを表示したい場合は、以下のように指定できます。

リスト 5.5: catalogFilter の例

```
catalogFilter:
  - kind: [User]
    metadata.namespace: default
  - kind: [Group]
    metadata.annotations.github.com/team-slug: { exists: true }
```

このように、あらかじめBackstage上でユーザー・グループを設定している場合、入力の手間を省くことができる機能となっています。

RepoUrlPicker

GitHubやGitlabなどのリポジトリープロバイダーをテンプレート上で入力する場合、`ui:field`オプションを`RepoUrlPicker`でオーバーライドすることで、入力を簡単にできます。このオプションを使うことで、シンプルなテキスト入力ボックスではなく、所有者とリポジトリー名を設定することが容易になるカスタムコンポーネントを表示できます。また、`ui:options`で`allowed~`というオプションを指定することで、特定の入力値に制限できます。上記のサンプルファイルでは`allowedHosts`で github.com に固定、`allowedOwners`は backstage ユーザーと someGitHubUser ユーザー、`allowedRepos`は backstage リポジトリーに固定しています。実際に起動すると以下のようになり、実際に制限されていることがわかります。

図 5.10: RepoUrlPicker

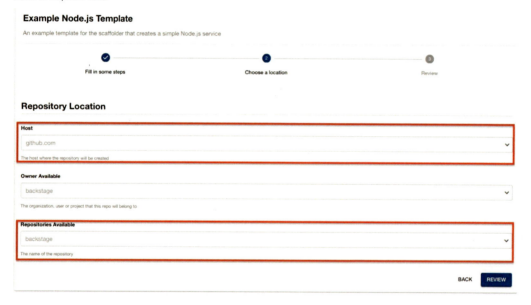

`allowedHosts`と`allowedRepos`では選択できないようにグレーアウトされ、`allowdOwner`ではコンボボックスで設定可能なユーザーを選択できます。

Secret情報の入力

テンプレートで値を入力する際に、パスワードのような秘匿情報を設定することもあると思います。そういった秘匿情報を保護する必要がある場合、`ui:field: Secret`を設定することで、RESTから情報を取得できないようにできます。

リスト5.6: Secretを指定する場合

```
parameters:
  - title: Authenticaion
    description: Provide authentication for the resource
    required:
      - username
      - password
    properties:
      username:
        type: string
        # use the built in Secret field extension
        ui:field: Secret
      password:
        type: string
        ui:field: Secret
```

5.5 spec.steps

stepsでは、テンプレートで実行したいアクションを定義できます。「Software Templatesを使ってみよう」で軽く触れましたが、テンプレート起動後にリポジトリーにPushすることや、Software Catalogへの登録ができます。なお、組み込みアクションはhttp://localhost:3000/create/actionsから参照できます。

アクションは大きく4項目で構成されています。

- id
  — idはアクションを一意に示すもので、他のアクションと重複しないようにする必要があります。
- name
  — nameは各ステップの名称を指定し、Backstage上に表示されます。
- action
  — actionはGitHubにPushするなどのアクションを定義します。
- input
  — inputはアクションに必要な入力値を設定します。

これ以降は、サンプルファイルで使われているアクションをいくつか紹介していきます。

リスト5.7: stepsのサンプル

```
steps:
  - id: fetch-base
    name: Fetch Base
    action: fetch:template
```

```
      input:
        url: ./template
        values:
          name: ${{ parameters.name }}
          owner: ${{ parameters.owner }}

    - id: publish
      name: Publish
      action: publish:github
      input:
        allowedHosts:['github.com']
        description: This is ${{ parameters.name }}
        repoUrl: ${{ parameters.repoUrl }}

    - id: register
      name: Register
      action: catalog:register
      input:
        repoContentsUrl: ${{ steps['publish'].output.repoContentsUrl }}
        catalogInfoPath: '/catalog-info.yaml'
```

fetch:template

これは、テンプレートファイルを取得するアクションを定義しています。urlには相対パスもしくは絶対パスでテンプレートを指定し、valuesで指定することで、画面からの入力値をテンプレートに代入できます。

リスト5.8: fetch:template

```
steps:
  - id: fetch-base
    name: Fetch Base
    action: fetch:template
    input:
      url: ./template
      values:
        name: ${{ parameters.name }}
        owner: ${{ parameters.owner }}
```

publish:github

テンプレートをGitHubにPushする場合、このアクションを利用します。Backstageとリポジト

リーとの連携は、システムの核のひとつと言っても過言ではないです。そのため、リポジトリーとの連携については、GitHubだけでなくGitLabやGerritなどに対応したアクションが組み込みで用意されています。inputのオプションは数多く用意されているので、組み込みアクションのドキュメントを確認してください。

リスト 5.9: publish:github

```
- id: publish
  name: Publish
  action: publish:github
  input:
    allowedHosts:['github.com']
    description: This is ${{ parameters.name }}
    repoUrl: ${{ parameters.repoUrl }}
```

もちろんPull Requestにも対応しており、GitHubの場合`publish:github:pull-request`という組み込みアクションを使用します。

catalog:register

Backstageにカタログを登録する場合は、このアクションを利用します。特徴的なのは、inputの`repoContentsUrl`には`publish`アクションのOutputを利用していることです。後述のテンプレート構文で触れますが、各ステップのOutputを利用できます。

リスト 5.10: catalog:register

```
- id: register
  name: Register
  action: catalog:register
  input:
    repoContentsUrl: ${{ steps['publish'].output.repoContentsUrl }}
    catalogInfoPath: '/catalog-info.yaml'
```

5.6 spec.outputs

outputでは、ジョブ終了後にフロントエンドで表示する内容を定義できます。以下の例では、RepositoryのURLやカタログの場所を指し示しています。

リスト 5.11: outputのサンプル

```
output:
  links:
    - title: Repository
      url: ${{ steps['publish'].output.remoteUrl }} # link to the remote
```

```
repository
    - title: Open in catalog
      icon: catalog
      entityRef: ${{ steps['register'].output.entityRef }} # link to the entity that has been ingested to the catalog
  text:
    - title: More information
      content: |
        **Entity URL:** `${{ steps['publish'].output.remoteUrl }}`
```

5.7 テンプレート構文

これまでテンプレートファイルを見てきましたが、ここで具体的なテンプレート構文を見ていきましょう。まずテンプレートファイルを見ると、${{}}というシンタックスが頻繁に現れていることに気づいたと思います。

リスト5.12: テンプレート構文

```
apiVersion: scaffolder.backstage.io/v1beta3
kind: Template
metadata:
  name: v1beta3-demo
  title: Test Action
  description: scaffolder v1beta3 template demo
spec:
  owner: backstage/techdocs-core
  type: service
  parameters:
    - title: Fill in some steps
      required:
        - name
      properties:
        name:
          title: Name
          type: string
          description: Unique name of your project
        urlParameter:
          title: URL endpoint
          type: string
          description: URL endpoint at which the component can be reached
          default: 'https://www.example.com'
```

```
      enabledDB:
        title: Enable Database
        type: boolean
        default: false
  ...
  steps:
    - id: fetch-base
      name: Fetch Base
      action: fetch:template
      input:
        url: ./template
        values:
          name: ${{ parameters.name }}
          url: ${{ parameters.urlParameter }}
          enabledDB: ${{ parameters.enabledDB }}
```

　これらはテンプレート文字列で、テンプレートのさまざまな部分をリンクして結合するために使用されます。parametersセクションのすべてのフォーム入力は、このテンプレート構文を使用することで利用できます。たとえば、${{ parameters.firstName }}は、パラメータのfirstNameの値を挿入します。これは、フォームの値をさまざまなステップに渡し、これらの入力変数の再利用を容易にします。また、これらのテンプレート文字列は、パラメーターの型を保持することにも留意が必要です。

　テンプレートファイル内では、${{ parameters.hogehoge }}という形で値を取得できます。一方、コードに引き渡す場合は、${{ values.hogehoge }}という形で指定する必要があります。valuesの使いどころがわかりにくいかもしれません。

　たとえば、テンプレートをGitLabにプッシュした後にGitLab CIを実行するようなケースを考えてみます。以下のようなディレクトリー構成をとっているとします（ディレクトリー構成はサンプルです）。

リスト5.13: valuesのサンプル名

```
.
├── content
│   ├── .gitlab-ci-standard.yaml
│   └── catalog-info.yaml
└── template.yaml
```

　以下のコードではvalues.nameを使って、名前を.gitlab-ci-standard.yamlに設定するファイルとなっています。GitLabにPushすると、自動的にGitLab CIが起動するという流れになります。

リスト 5.14: values のサンプル

```
stages:
  - env-creation

variables:
  APP_NAME: "${{ values.name }}"

include:
  - project: 'backstage-production'
    ref: main
    file:
      - '../../.gitlab-ci-standard.yaml'
```

こういった形で自作のコードや設定ファイルにテンプレートの入力値を挿入したい場合、`values`を使うようにします。

5.8 Template Editor

Backstageには、UIを使ったテンプレート編集機能があります。Backstageを起動し、http://localhost:3000/create/editにアクセスすると、Template Editor機能が起動します。

図 5.11: Template Editor 画面

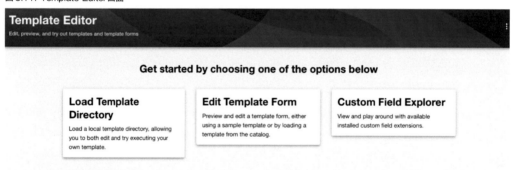

Load Template Directory

この画面はローカル上にあるテンプレートファイルを読み込み、画面上で修正できる機能です。基本的にはコードエディター機能と変わらないので、あまり多用することはないかもしれません。

図 5.12: テンプレート取り込み画面

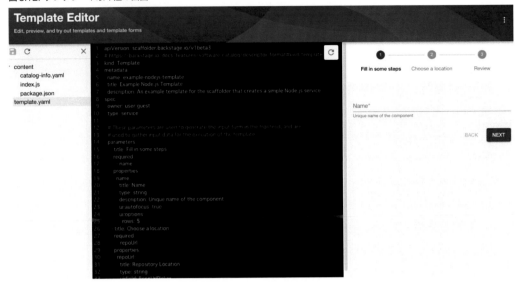

Edit Template Form

　この機能は、すでにテンプレートとして登録されているテンプレートファイルを画面上で表示しながら編集する機能です。たとえば、RepoUrlPickerの画面上の表示を見たいときに、わざわざファイルを配置しBackstageを読み込むような手間はなくなります。ただ、編集した修正を保存することはできないので、いったんローカルで画面上の修正を取り込む必要があるのがデメリットです。しかしながら、画面を見ながら修正できる機能は便利なので、使ってみることをオススメします。

図5.13: テンプレート編集機能画面

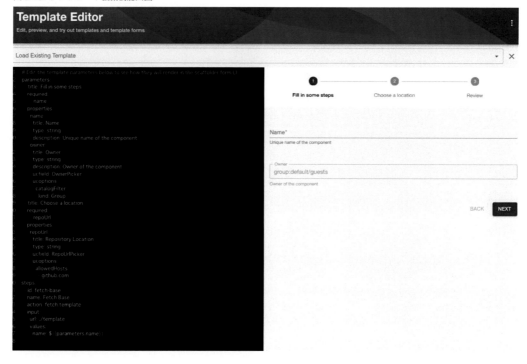

Custom Field Explorer

この機能は、`RepoUrlPicker`や`OwnerPicker`などのカスタムの入力フィールドの動作を確認するのに便利な機能です。画像の左側に選択したカスタム入力フィールドのオプション等が表示されており、オプションの選択によって右側の画面が変わります。

図5.14: カスタムフィールドエクスプローラー画面

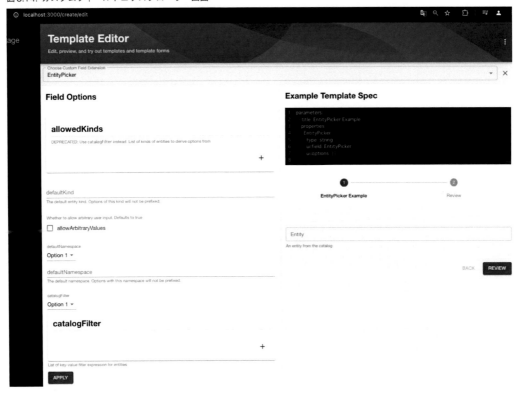

この機能を使うことで、カスタム入力フィールドの機能を確認できます。

テンプレートの入力フィールドの種類

テンプレートの入力フィールドには単純な入力だけでなく、パターンマッチングによるバリデーションが可能です。以下の例では、正規表現によるパターンマッチングが可能となります。

リスト5.15: 正規表現によるバリデーション

```
parameters:
  - title: Fill in some steps
    properties:
      name:
        title: Simple text input
        type: string
        description: Description about input
        maxLength: 8
        pattern: '^([a-zA-Z][a-zA-Z0-9]*)(-[a-zA-Z0-9]+)*$'
        ui:autofocus: true
        ui:help: 'Hint: additional description...'
```

他には、チェックボックスやコンボボックスなどの機能が提供されています。他の機能を見る場合は、https://backstage.io/docs/features/software-templates/input-examples を参照してください。なお、この入力機能

は https://rjsf-team.github.io/react-jsonschema-form/ がベースとなっているため、併せて適宜参照ください。

> **組み込みフィルター**
>
> テンプレート機能には、組み込みフィルターが提供されています。これは入力した値をフィルタリングして、特定のデータのみを取得できるようになっています。
>
> リスト 5.16: 組み込みフィルターサンプル
> ```
> - id: log
>   name: Parse Repo URL
>   action: debug:log
>   input:
>     extra: ${{ parameters.repoUrl | parseRepoUrl }}
> ```
> このネイティブフィルターは、Nunjucksライブラリーで提供されています。適宜、Nunjucksのドキュメントを参照ください。

5.9 テンプレートの配置

テンプレートが作成したら、早速配置していきましょう。`app-config.yaml`で配置場所を定義しています。

リスト 5.17: サンプル
```
catalog:
  import:
    entityFilename: catalog-info.yaml
    pullRequestBranchName: backstage-integration
  rules:
    - allow: [Component, System, API, Resource, Location]
  locations:
    # Local example data, file locations are relative to the backend process,
typically `packages/backend`
    - type: file
      target: ../../examples/entities.yaml

    # Local example template
    - type: file
      target: ../../examples/template/template.yaml
      rules:
        - allow: [Template]
```

```
# Local example organizational data
- type: file
  target: ../../examples/org.yaml
  rules:
    - allow: [User, Group]
```

注意点として、テンプレートを追加・変更した場合、ロケーションエンティティーを更新する必要があります。更新しない場合、テンプレートが表示されなかったり、古いテンプレートが表示されてしまいます。以下の順序で作業を実施してください。

Catalog ページで Locations を選択

Kind 欄で Location を選択する。

図 5.15: ロケーション画面

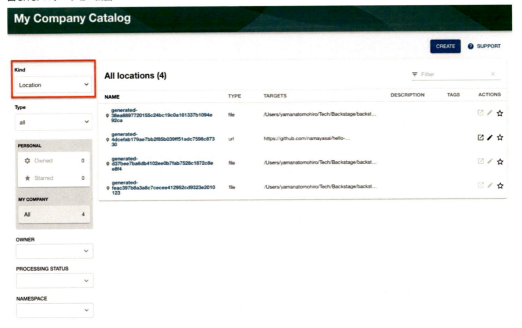

リフレッシュボタンを押下

対象のテンプレートを選択し、リフレッシュボタンを押下する。

図 5.16: ロケーションリフレッシュ画面

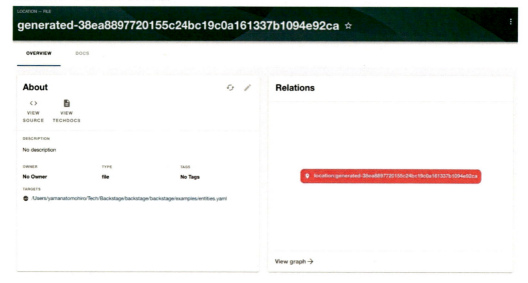

5.10 テンプレートの拡張

　ここでは、テンプレートの拡張について説明していきます。ビルトインのアクションや承認といった実際の運用を考えると、拡張したいケースがあるかと思います。ぜひ参考にしてください。

カスタムアクション

　カスタムアクションはビルトインのアクションではなく、自分用のアクションを追加できます。アクションはテンプレート内に設定することで、リポジトリー上に Push するといった処理を行います。カスタムアクションを追加するには、バックエンドに作成したモジュールをインポートすることで実現できます。

　では、早速カスタムアクションを作っていきます。カスタムアクションは backstage-cli を利用し、モジュールを作成することから始めます。今回は、公式ドキュメントにあるサンプルカスタムアクションを作ってみましょう。このカスタムアクションは、コンポーネント作成時にファイル名及び内容を入力すると、そのファイルを作成するアクションです。

```
yarn backstage-cli new
```

　scaffolder-module を選択しましょう。

図 5.17: backstage-cli コマンド

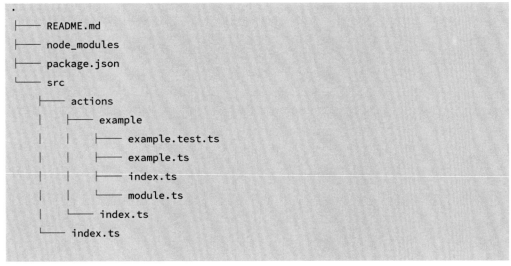

モジュール名を入れる必要があるので、任意の名前を入力しましょう。ここでは、sample-module として進めていきます。pluginsディレクトリー配下にscaffolder-backend-module-sample-moduleといった名前のディレクトリーが作成されていることがわかります。

リスト 5.18: カスタムアクションディレクトリー

```
.
├── README.md
├── node_modules
├── package.json
└── src
    ├── actions
    │   └── example
    │       ├── example.test.ts
    │       ├── example.ts
    │       ├── index.ts
    │       └── module.ts
    │   └── index.ts
    └── index.ts
```

次に、このモジュールで利用しているライブラリーをインストールします。Backstageがインストールされているルートディレクトリーで、以下のコマンドを実行します。

```
yarn add @types/fs-extra -W
```

修正するpluginsディレクトリーのファイルは、example配下の3ファイルが対象となります。

・example.ts

・index.ts

・module.ts

それぞれソースを直していきます。それぞれのファイルの中身を置き換えるだけで問題ありません。

第5章 Software Templates　99

リスト5.19: example.ts

```ts
import { createTemplateAction } from '@backstage/plugin-scaffolder-node';
import fs from 'fs-extra';
import { z } from 'zod';

export const createNewFileAction = () => {
  return createTemplateAction({
    id: 'acme:file:create',
    description: 'Create an Acme file.',
    schema: {
      input: z.object({
        contents: z.string().describe('The contents of the file'),
        filename: z
          .string()
          .describe('The filename of the file that will be created'),
      }),
    },

    async handler(ctx) {
      await fs.outputFile(
        `${ctx.workspacePath}/${ctx.input.filename}`,
        ctx.input.contents,
      );
    },
  });
};
```

簡単にコードを説明すると、idやdescriptionでは本処理のIDと説明が記載されています。schemaではzodを使ってcontentsやfilenameのバリデーションを行っています。handlerでは入力情報をもとに、ファイルをどこに作成するのかを記述しています。

リスト5.20: index.ts

```ts
import { scaffolderModule } from './module';
export { createNewFileAction } from './example';
export default scaffolderModule;
```

リスト5.21: module.ts

```ts
import { createBackendModule } from '@backstage/backend-plugin-api';
import { scaffolderActionsExtensionPoint } from '@backstage/plugin-scaffolder-node/alpha';
import { createNewFileAction } from "./example";
```

```
/**
 * A backend module that registers the action into the scaffolder
 */
export const scaffolderModule = createBackendModule({
  moduleId: 'acme:example',
  pluginId: 'scaffolder',
  register({ registerInit }) {
    registerInit({
      deps: {
        scaffolderActions: scaffolderActionsExtensionPoint
      },
      async init({ scaffolderActions}) {
        scaffolderActions.addActions(createNewFileAction());
      }
    });
  },
})
```

ここでは、example.tsで作成した処理をバックエンドのモジュールとして登録しています。
これで準備は万端です。

次に、backendに今回作成したモジュールをインポートします。packages/backend/src/index.tsに移動し、モジュールをインポートします。

```
import { scaffolderModule } from '../../../plugins/scaffolder-backend-module-sample-module/src/actions/example/module';
〜省略〜
backend.add(scaffolderModule);
backend.start();
```

これで、カスタムアクションの処理本体の完成です。

次は、テンプレートにアクションを追加していきましょう。まずspec.parametersにファイル名や、ファイルの中身を入力するテンプレートを追加します。

リスト5.22: パラメーター句追加

```
spec:
  parameters:
    - title: File Details
      required:
        - filename
        - contents
      properties:
```

```
    filename:
      title: Filename
      type: string
      description: The name of the file to create
      ui:autofocus: true
    contents:
      title: File Contents
      type: string
      description: The contents of the file
      ui:widget: textarea
```

次に spec.steps 句に、ファイル名やファイルの中身を入力するテンプレートを追加します。

リスト 5.23: steps 句追加

```
steps:
  - id: test-action
    name: Test Action
    action: acme:file:create
    input:
      filename: ${{ parameters.filename }}
      contents: ${{ parameters.contents }}
```

テンプレートに、ファイル名とファイルの中身を入力する画面が追加されています。

図 5.18: テンプレート画面

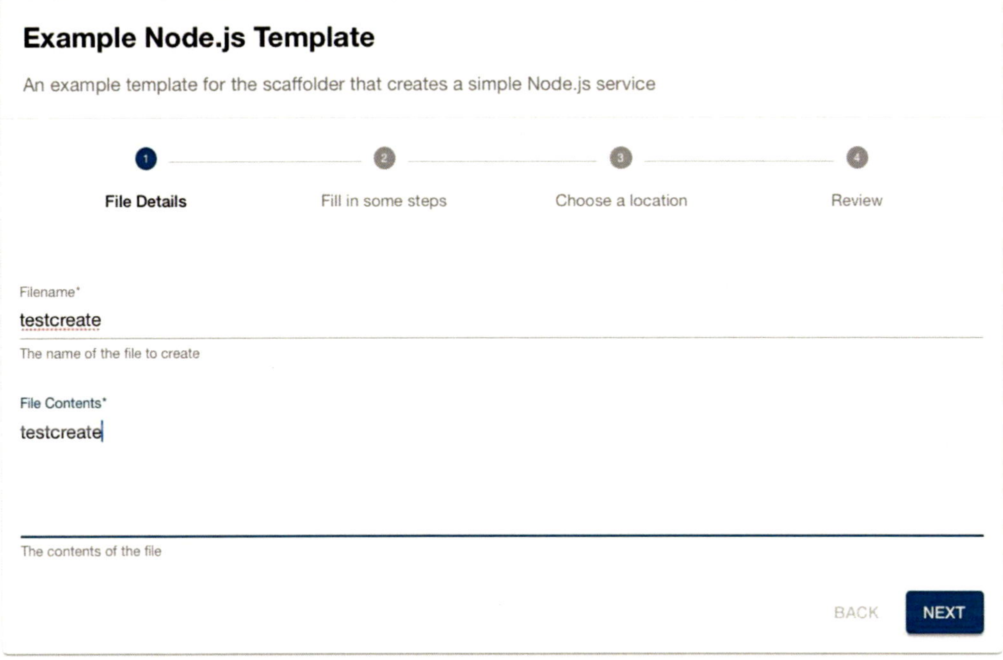

任意の名前および内容を入力し、このまま進めていきます。

確認画面で内容を確認し、CREATEボタンを押下します。

図 5.19: テンプレート確認画面

第 5 章　Software Templates　　103

問題なく処理が行われると、GitHubへコミットされているので、確認しましょう。

図 5.20: GitHub 画面

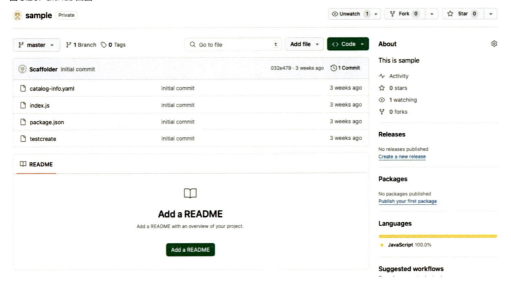

ファイルが作成されていることが確認できます。

このような形でカスタムアクションを作成し、テンプレートに組み込むことができます。

カスタムフィールドの拡張

テンプレートでフィールド情報を入力する際に、バリデーションを行いたいと思うことがあるかと思います。たとえば命名規則を統一することで、ソフトウェアやコンポーネントの整合性を保つことができます。そのような場合に、入力時に画面上でバリデーションをすることは有効な手立てになります。ここでは、入力フィールドにKebabルールをバリデーションするよう拡張する処理を追加していきます。

まずpackages/app/src配下に、scaffolderのディレクトリーを作成します。このscaffolderフォルダーに、Kebabルールのバリデーションモジュールを格納します。scaffolder配下にValidateKebabCaseフォルダーを作成し、ValidateKebabCaseExtension.tsxを作成します。

リスト 5.24: ValidateKebabCaseExtension.tsx

```
import React from 'react';
import { FieldExtensionComponentProps } from '@backstage/plugin-scaffolder-react';
import type { FieldValidation } from '@rjsf/utils';
import FormControl from '@material-ui/core/FormControl';
/*
 This is the actual component that will get rendered in the form
*/
export const ValidateKebabCase = ({
```

```
    onChange,
    rawErrors,
    required,
    formData,
  }: FieldExtensionComponentProps<string>) => {
    return (
      <FormControl
        margin="normal"
        required={required}
        error={rawErrors?.length > 0 && !formData}
      >
        <InputLabel htmlFor="validateName">Name</InputLabel>
        <Input
          id="validateName"
          aria-describedby="entityName"
          onChange={e => onChange(e.target?.value)}
        />
        <FormHelperText id="entityName">
          Use only letters, numbers, hyphens and underscores
        </FormHelperText>
      </FormControl>
    );
};


/*
 This is a validation function that will run when the form is submitted.
  You will get the value from the `onChange` handler before as the value here to
make sure that the types are aligned\
*/

export const validateKebabCaseValidation = (
  value: string,
  validation: FieldValidation,
) => {
  const kebabCase = /^[a-z0-9-_]+$/g.test(value);

  if (kebabCase === false) {
    validation.addError(
      `Only use letters, numbers, hyphen ("-") and underscore ("_").`,
    );
  }
```

```
};
```

次にextensions.tsを作成し、拡張フィールドをエクスポートします。

リスト5.25: extensions.ts
```
import { scaffolderPlugin } from '@backstage/plugin-scaffolder';
import { createScaffolderFieldExtension } from '@backstage/plugin-scaffolder-react';
import {
  ValidateKebabCase,
  validateKebabCaseValidation,
} from './ValidateKebabCase/ValidateKebabCaseExtension';

export const ValidateKebabCaseFieldExtension = scaffolderPlugin.provide(
  createScaffolderFieldExtension({
    name: 'ValidateKebabCase',
    component: ValidateKebabCase,
    validation: validateKebabCaseValidation,
  }),
);
```

ひとつ上の階層に戻り、scaffolder配下にindex.tsを作成します。

リスト5.26: index.ts
```
export { ValidateKebabCaseFieldExtension } from './extensions';
```

次に、フロント側でバリデーションを有効化します。packages/app/src/App.tsxを編集し、createルートにてバリデーションの処理を追加します。

リスト5.27: 修正前のApp.tsx
```
const routes = (
  <FlatRoutes>
    ...
    <Route path="/create" element={<ScaffolderPage />} />
    ...
  </FlatRoutes>
);
```

リスト5.28: 修正後のApp.tsx

```
import { ValidateKebabCaseFieldExtension } from './scaffolder/ValidateKebabCase';
import { ScaffolderFieldExtensions } from '@backstage/plugin-scaffolder-react';

const routes = (
  <FlatRoutes>
    ...
    <Route path="/create" element={<ScaffolderPage />}>
      <ScaffolderFieldExtensions>
        <ValidateKebabCaseFieldExtension />
      </ScaffolderFieldExtensions>
    </Route>
    ...
  </FlatRoutes>
);
```

最後に、バリデーションを有効化したテンプレートを準備します。

リスト 5.29: kebab バリデーションのテンプレート

```
apiVersion: scaffolder.backstage.io/v1beta3
kind: Template
metadata:
  name: Test template
  title: Test template with custom extension
  description: Test template
spec:
  parameters:
    - title: Fill in some steps
      required:
        - name
      properties:
        name:
          title: Name
          type: string
          description: My custom name for the component
          ui:field: ValidateKebabCase
  steps:
  [...]
```

ui:field: ValidateKebabCase にて、名前を入力する際に Kebab バリデーションが設定します。名前を入力すると、エラーが出ることがわかります。

第 5 章 Software Templates 107

図 5.21: Kebab バリデーションを有効化済み名前入力画面

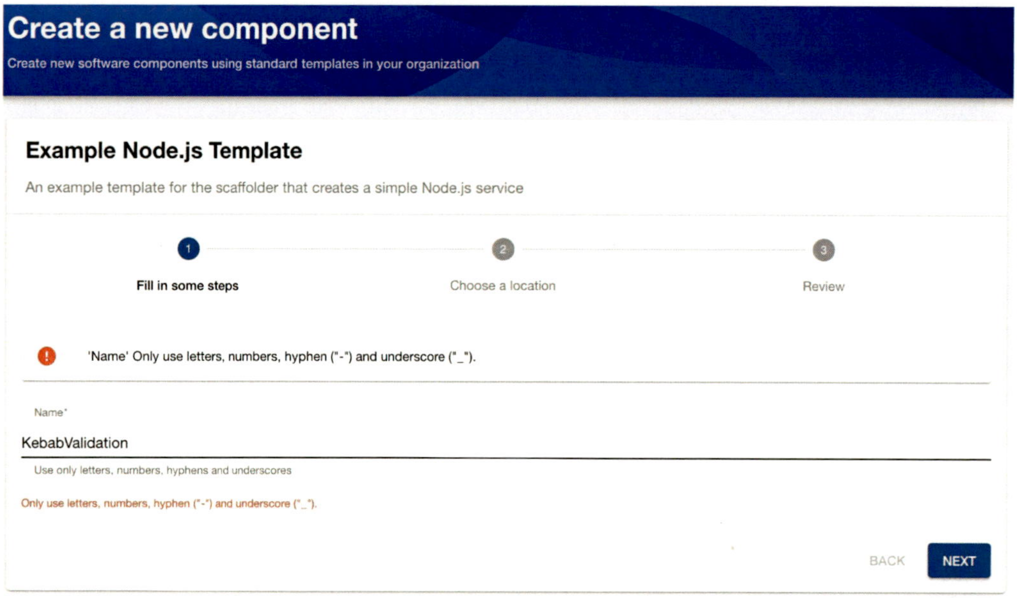

このようにバリデーションを追加することで、入力時に名前を制御できます。

> **動的なテンプレートの参照**
>
> 　動的にテンプレートを更新するためには、GitHub や GitLab のディスカバリーを使う必要があります。GitLab の Token などを設定する必要がありますが、`app-config.yaml`に以下のサンプルのような設定をすることで、定期的にリポジトリーをクロールし、Backstage のテンプレートを更新できます。
>
> リスト 5.30: Gitlab での Discovery サンプル
> ```
> catalog:
>   providers:
>     gitlab:
>       yourProviderId:
>         host: gitlab-host # Identifies one of the hosts set up in the integrations
>         branch: main # Optional. Used to discover on a specific branch
>         fallbackBranch: main # Optional. Fallback to be used if there is no default branch configured at the Gitlab repository. It is only used, if `branch` is undefined. Uses `master` as default
>         skipForkedRepos: false # Optional. If the project is a fork, skip repository
>         group: example-group # Optional. Group and subgroup (if needed) to look for repositories. If not present the whole instance will be scanned
>         entityFilename: catalog-info.yaml # Optional. Defaults to `catalog-info.yaml`
> ```

```
        projectPattern: '[\s\S]*' # Optional. Filters found projects
based on provided patter. Defaults to `[\s\S]*`, which means to not filter
anything
        schedule: # optional; same options as in TaskScheduleDefinition
            # supports cron, ISO duration, "human duration" as used in code
            frequency: { minutes: 30 }
            # supports ISO duration, "human duration" as used in code
            timeout: { minutes: 3 }
```

詳細については、BackstageのIntegrationを参照してください。https://backstage.io/docs/integrations/

5.11 まとめ

本章では、「Software Templates」について解説しました。次章では、Backstage 上を検索するための「Backstage Search」機能について説明します。

第6章 Backstage Search

BackstageのSearch機能を一言で言うと、Backstageのエコシステム内の情報を検索できる機能です。ただ検索するだけの機能ではなく、以下のような機能をサポートしています。
・好みの検索エンジンを組み込む機能
・コレーターを定義することで、異なる情報源から検索する機能
・検索コンポーネントを構成し、検索ページのUIをカスタマイズできる機能
・各検索結果のUIをカスタマイズできる機能

6.1 Backstageで検索

詳細を見ていく前に、簡単に触ってみましょう。Backstageの検索画面は、BackstageのURLから/searchへアクセスすることで利用できます。ローカルでBackstageを実行している場合は、http://localhost:3000/searchとなります。

図6.1: 詳細検索画面

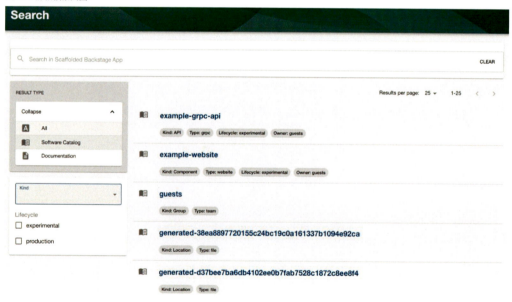

なお、画面上のサイドバーにあるSearchボタンを押すと、以下のようなクイック検索画面となるので注意が必要です。

図 6.2: クイック検索画面

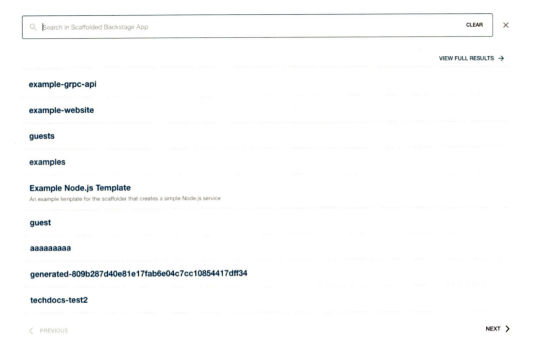

クイック検索画面から詳細検索画面に移動したい場合は、View Full Resultsを押下することで遷移します。

6.2 Backstage Searchのコンセプト

Backstage Searchは拡張性が高く、たとえば検索エンジンをすでに自分が使用しているエンジンに変えられます。デフォルトの検索エンジンはLunrです。また、検索画面のカスタマイズも可能です。ここでは自分好みの検索画面にするために、まずBackstage Searchのコンセプトについて説明します。

検索エンジン

Backstage Search自体は検索エンジンではなく、検索エンジンとBackstageインスタンスとの間のインターフェイスのことを指します。デフォルトではLunrの上に構築されたインメモリ検索エンジンが実装されており、検索する際にはその検索エンジンを利用します。また、この検索エンジンは企業やプロジェクトの要件次第で変更でき、OpenSearchやSolrなどといったエンジンに置き換えることが可能です。

クエリトランスレーター

各検索エンジンには固有のクエリ言語が利用されていて、Backstageで検索やフィルタリングする際には、検索エンジンのクエリ言語に変換する必要があります。この変換を行うのが、クエリト

ランスレーターのレイヤーです。

ドキュメントとインデックス

ここでいう「ドキュメント」は、検索することで見つけることができる対象のことを表します。具体的にBackstageのドキュメントは、エンティティー、TechDocsのページなどを指します。また、ドキュメントはエンティティーのタイトル、テキスト、場所（URLなど）を含むメタデータフィールドで構成されます。インデックスは、特定のタイプのドキュメントのコレクションです。

コレーター

コレーターを使い、Backstage Searchで検索する対象を定義します。具体的にはドキュメントタイトル、場所、テキストなどのオブジェクトですが、コレーター自体で定義されている他のフィールドを含めることができます。カタログバックエンドなどの一部のプラグインは、Backstage全体ですばやく検索を開始するために、いわゆる「デフォルト」のコレーターファクトリーをすでに実装されています。

デコレーター

検索インデックス内の一連のドキュメントに、コレーターが認識していない追加情報を付与したい場合、デコレータ処理で実装します。この処理はインデックス作成プロセス中にコレーター処理とインデックス処理の間に位置し、ドキュメントに追加のフィールドを追加するために使用できます。また、デコレーターを使用して、メタデータを削除したり、フィルタリングしたり、インデックス作成時に追加のドキュメントを追加したりすることもできます。こう書くと、イメージが湧きづらいと思います。そこで、デフォルトのソースを見てみましょう。

search-backend-nodeのDecoratorBase.ts[1]を見てみましょう。

リスト6.1: Decorate処理

```
async _transform(
  document: IndexableDocument,
  _: any,
  done: (error?: Error | null) => void,
) {
  try {
    const decorated = await this.decorate(document);

    // If undefined was returned, omit the record and move on.
    if (decorated == undefined) {
      done();
      return;
```

---

[1].DecoratorBaseのソース：https://github.com/backstage/backstage/blob/master/plugins/search-backend-node/src/indexing/DecoratorBase.ts

```
      }

      // If an array of documents was given, push them all.
      if (Array.isArray(decorated)) {
        decorated.forEach(doc => {
          this.push(doc);
        });
        done();
        return;
      }

      // Otherwise, just push the decorated document.
      this.push(decorated);
      done();
    } catch (e) {
      assertError(e);
      done(e);
    }
  }
```

　ここでは、コレーターからインデックス処理対象のオブジェクトがUndefinedだった場合、インデックス処理から削除し、対象外としています。

スケジューラー

　Backstage Searchでは、スケジュールにしたがってインデックスを構築する処理を行っています。これはエンティティーなどのソース情報の更新頻度に応じて、コレーターごとに異なる間隔で更新するように構成できます。また、検索インデックス作成が複数のバックエンドのノード間で分散処理されている場合、衝突を防ぐための調整は通常、TaskRunnerによって処理されます。

検索ページ

　検索ページは、高いカスタマイズ性を持っています。そのため、検索ページのレイアウトのほとんどは、フロントの検索ページコンポーネントに依存します。具体的なカスタマイズについては、後述します。

検索コンテキストとコンポーネント

　検索エクスペリエンスは、検索ページと同様に複数の検索コンポーネントで構成され、検索コンテキストを使用して接続されます。この各検索エクスペリエンスのコンテキストは、検索語、フィルター、タイプ、結果、ページを処理するためのページカーソルなどといった細かいコンポーネントで構成されています。具体的なコンポーネントとして、たとえば、<SearchBar />は検索語を設

定でき、<SearchFilter />はフィルターを設定でき、検索結果は<SearchResult />コンポーネントを使用して表示できます。<SearchResult />および<SearchFilter />コンポーネントは特別で、それら自体が拡張可能で、さらにカスタマイズが必要な場合は、他のReactコンテキストと同様に、独自のカスタム検索コンポーネントを作成できます。

6.3 検索画面のカスタマイズ

　Backstageは高いカスタマイズ性を備えており、ここでは検索画面のカスタマイズをしていきます。検索画面のカスタマイズはシンプルで、フロントエンドのソースを修正することで可能となります。初期検索画面を見てみると、Kindは`Component`と`Template`でのみフィルタリングできるようになっています。

図6.3: 初期検索画面フィルター

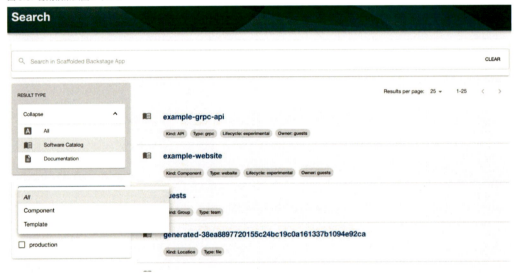

　これをLocationでもフィルタリングできるようにしましょう。Backstageがデプロイされているディレクトリに移動し、`packages/app/src/SearchPage.tsx`をエディターで起動してください。以下のコードのように、Locationを追加してください。

リスト6.2: SerchPage.tsx

```
          <SearchFilter.Select
            className={classes.filter}
            label="Kind"
            name="kind"
            values={['Component', 'Template', 'Location']}←Locationを追加
          />
          <SearchFilter.Checkbox
            className={classes.filter}
```

```
            label="Lifecycle"
            name="lifecycle"
            values={['experimental', 'production']}
```

すると、以下のようにLocationが追加されていることがわかりますね。

図6.4: Locationをフィルターに追加

検索結果に特定のKindのみ表示

検索結果の段階で、特定のKindのみしか表示したくないというケースがあるかもしれません。たとえば、検索結果をComponentのみに限定したい場合など、需要はありそうです。その場合はapp-config.yamlをエディターで起動し、以下のように設定を追加し、再起動しましょう。

リスト6.3: 検索結果からComponentのみをフィルター

```
search:
  collators:
    catalog:
      filter:
        kind: 'Component'
```

これはコレーター処理時にComponentのみをフィルターしているため、それ以外は検索結果から表示されなくなります。

図6.5: Componentのみ表示

6.4 検索エンジンのカスタマイズ

前述しましたが、Backstageは指定がない限り、デフォルトの検索エンジンにLunrを使用します。公式ドキュメントによると、このLunrは本番運用に向いておらず、別の検索エンジンを利用することが推奨されています。なお、公式で対応している検索エンジンは以下となります。

・Lunr

・Postgres

・Elasticsearch / OpenSearch

検索エンジンの変更に触れる前に、Lunrで検索した場合の検索エクスペリエンスを見ていきましょう。

図 6.6: Lunr の検索エクスペリエンス

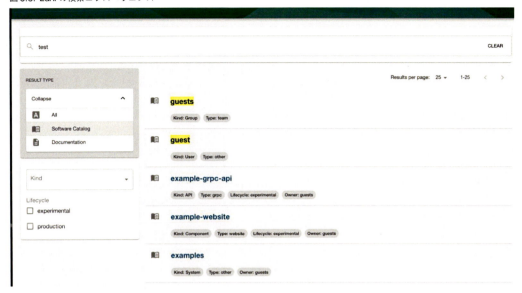

検索ワードに test と入力してみましたが、guests がヒットしましたね。test 用のカタログは登録されていないので、本来ならば検索されないのが正しいです。では、検索エンジンを変えると、どう変化するのか見ていきましょう。

Postgres

Backstage の DB として利用している PostgreSQL を、検索エンジンとしても利用するケースがこちらです。検索エンジンとして有名な Elasticsearch など、外部サービスを避けたい場合は、この PostgreSQL を検索エンジンとして使うのがいいでしょう。高い検索能力を持っているので、本番運用として十分利用することが可能です。

利用するには、PostgreSQL が Backstage のデータベースとして設定されている必要があります。第 3 章の Database Setup(PostgreSQL) を参照し、設定を行います。PostgreSQL の設定が完了したら、Backstage ディレクトリーのルートで以下を実行してください。

```
yarn add --cwd packages/backend @backstage/plugin-search-backend-module-pg
```

Postgres 検索エンジンプラグインは初期インストールされていないため、バックエンドにインストールする必要があります。パッケージを追加したら、次にバックエンドに登録しましょう。
packages/backend/src/index.ts をエディターで起動してください。

リスト6.4: PostgreSQL 検索エンジンモジュール登録

```
backend.add(import('@backstage/plugin-search-backend-module-pg/alpha'));←追加
backend.start();
```

次に、検索エンジンを設定ファイルに登録します。app-config.yamlをエディターで起動し、以下の設定を任意の場所に追加してください。

リスト6.5: PostgreSQL 検索エンジン設定追加

```
search:
  pg:
    highlightOptions:
      useHighlight: true # Used to enable to disable the highlight feature. The default value is true
      maxWord: 35 # Used to set the longest headlines to output. The default value is 35.
      minWord: 15 # Used to set the shortest headlines to output. The default value is 15.
      shortWord: 3 # Words of this length or less will be dropped at the start and end of a headline, unless they are query terms. The default value of three (3) eliminates common English articles.
      highlightAll: false # If true the whole document will be used as the headline, ignoring the preceding three parameters. The default is false.
      maxFragments: 0 # Maximum number of text fragments to display. The default value of zero selects a non-fragment-based headline generation method. A value greater than zero selects fragment-based headline generation (see the linked documentation above for more details).
```

これで準備は万端です。実際に起動しましょう。

図6.7: PostgreSQL 検索エンジン①

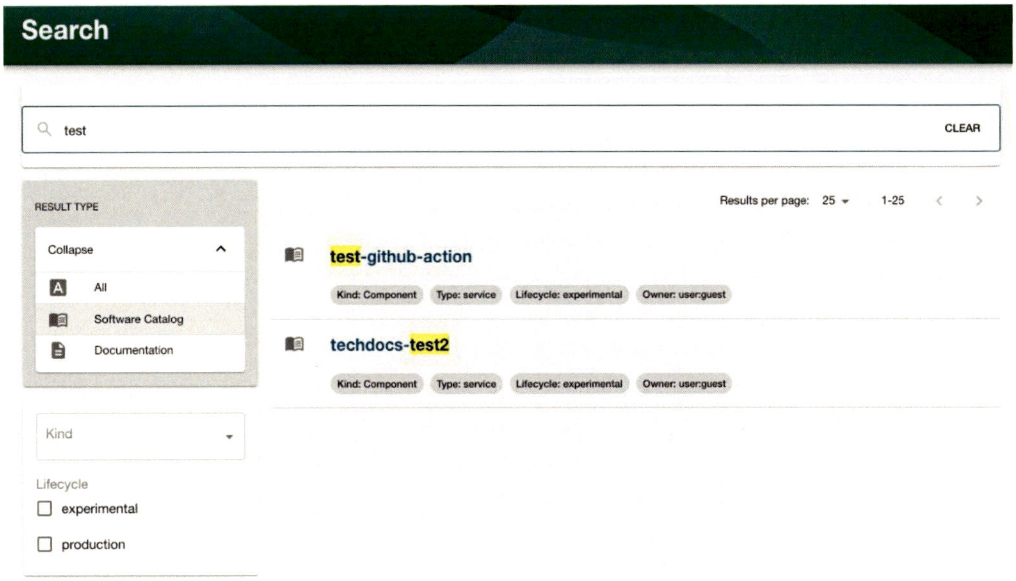

Lunrと同様にtestを検索しても、このように、何も検索されていないことがわかります。
次に、exampleと入れてみましょう。

図6.8: PostgreSQL 検索エンジン②

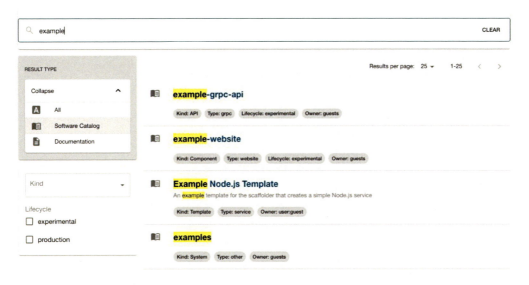

正しく検索されていることがわかりますね。

6.5 まとめ

　Backstage上で、コンポーネントやAPIなどの情報のアクセスに重要な「Backstage Search」機能について解説しました。次章では、「Backstage TechDocs」機能について説明します。

第7章 TechDocs

　TechDocsは、Spotifyが社内で培ったドキュメントソリューションをBackstage内に移植したものです。この節では、開発者とは切っても切り離せないドキュメンテーションについて、Backstageでどのように負担なくいい見た目のドキュメント生成を実現するのか、そのドキュメントをどう活用するのかを説明していきます。

7.1　TechDocsの概要

　TechDocsは、Spotifyが開発したドキュメントライクなコードソリューションで、Backstageにデフォルトで搭載されています。開発者はコードと一緒にMarkdownファイルでドキュメントを作成するだけで、見栄えのいいドキュメントをBackstage上に表示できます。TechDocsはSpotify社内の開発者体験を高めるコア製品のひとつであり、5,000を超えるドキュメントに毎日約10,000アクセスがあるほど、重要な製品となっています。

　TechDocsが備える以下の機能により、開発者体験を高めることができます。
- TechDocsは環境に依存せず構築可能
- Backstageカタログから、直接TechDocsにアクセス可能
- Markdownに対応しており、Backstageから技術文書だけのサイトにアクセス可能
- TechDocsはドキュメントをコードのように管理することができ、さらにアドオンを追加することでドキュメントをニーズに基づいてカスタマイズ可能
- ドキュメントを検索することが可能

7.2　TechDocsのデモ

　ここでは実際にTechDocsを利用し、Backstage上での動作を見ていきましょう。本項では、以下のコマンドでBackstageをローカルにインストールしていることを前提とします。このコマンドを利用することで、TechDocsもあわせてインストールされます。

```
npx @backstage/create-app
```

　また、カタログをGitHubで管理するため、GitHubとインテグレーションが完了していることが前提となります。

設定

　TechDocsのプラグイン自体はすでにインストールされ、Backendに登録されています。しかし、

実際に使うにはいくつか追加の設定が必要です。

- app-config.yaml
- catalog-info.yaml
- mkdocs.ymlの配置
- ドキュメントの配置

それぞれ見ていきましょう。

app-config.yaml

まずapp-config.yamlにtechdocsの項目を追加しましょう。各項目の詳細については後ほど説明しますが、簡単にいうとローカル上でTechDocsの各処理を実行することを意味しています。builder: 'local'である場合、publisherとgeneratorの設定は不要ですが、後ほど必要になるので、あわせて設定しましょう。なお、上記コマンドでインストールしている場合、以下の設定はデフォルトで設定されている場合があります。

リスト7.1: TechDocsの設定

```yaml
techdocs:
  builder: 'local'
  publisher:
    type: 'docker'
  generator:
    runIn: local
```

catalog-info.yaml

次に、登録対象のカタログのcatalog-info.yamlを修正しましょう。今回はデフォルトで登録されている、exampleディレクトリーのテンプレートを使います。これはBackstageの設定というよりも、カタログにTechDocsがあることを示す設定となります。

リスト7.2: TechDocsのアノテーション設定

```yaml
metadata:
  annotations:
    backstage.io/techdocs-ref: dir:.
```

この設定は、MkDocsの設定ファイルをどこに配置するのかを示しています。

mkdocs.yml

MkDocsの設定ファイルのサンプルをcatalog-info.yamlと同じディレクトリーに配置しましょう。もちろん、catalog-info.yamlのアノテーション次第で別のディレクトリーに配置することもできます。

リスト7.3: mkdocs サンプル

```
site_name: 'example-docs'

nav:
  - Home: index.md

plugins:
  - techdocs-core
```

7.3 ドキュメントの配置

ここまでくると、あとはドキュメントを配置するだけです。docsディレクトリーを作成し、その配下にindex.mdを配置しましょう。

リスト7.4: index.mdのサンプル

```
# example docs

This is a basic example of documentation.
```

これまでの作業をすると、以下のようなディレクトリー構成になっているはずです。

リスト7.5: example ディレクトリー

```
.
├── catalog-info.yaml
├── docs
│   └── index.md
├── index.js
├── mkdocs.yml
└── package.json
```

TechDocsの画面

編集したテンプレートを登録し、ちゃんとTechDocsが表示されるか確認します。
まずテンプレートを起動しましょう。

図7.1: TechDocs動作確認~テンプレート起動~

必要事項を入力し、確認画面で設定値確認後、Createしてください。

図 7.2: TechDocs動作確認~確認画面~

カタログにエンティティーが登録されていることを確認しましょう。

図 7.3: TechDocs動作確認~カタログ画面~

GitHubにも、リポジトリが作成されています。

図 7.4: TechDocs 動作確認~GitHub 画面~

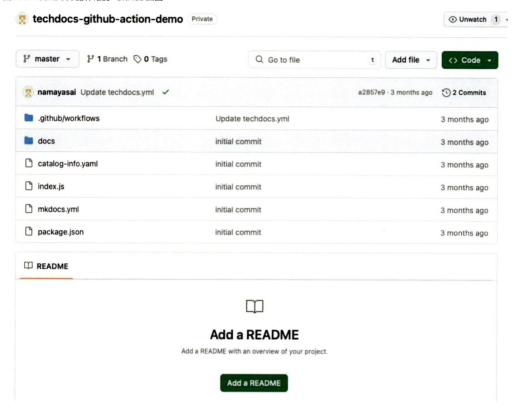

では、実際に TechDocs を起動します。登録したエンティティーを Backstage で表示し、Docs タブを選択してください。以下のように、example docs が表示されると成功です。

図 7.5: TechDocs 動作確認~docs 画面~

上記の流れで、TechDocs がどのように利用できるかが理解できたかと思います。それほど多くの設定を必要とせず、Backstage 上にドキュメントを集約できて、非常に便利な機能です。

7.4 TechDocsのコンセプト

この項では、TechDocsという機能がBackstage上でどう動いているのか説明します。読者のTechDocsアーキテクチャの理解の一助になればと思います。TechDocsは、以下の3つの処理で成り立っています。

- TechDocs Preparer
- TechDocs Generator
- TechDocs Publisher
- TechDocs Reader

TechDocs Preparer

TechDocs Preparerは、ドキュメントを生成するための最初の処理です。ソースリポジトリからMarkdownファイルをダウンロードし、Generatorへ渡す処理を行っています。Preparerとして、ドキュメントのソースファイルをダウンロードする方法は、以下のふたつがあります。

- Common Git Preparer
  —リポジトリから`git clone`し、ファイルを取得
- URL Reader（推奨）
  —ソースをホスティングしているプロバイダーのAPIからファイルを取得

TechDocs Generator

Preparerから渡されたファイルをドキュメントとして生成する処理です。コンテナーを使う方法と、mkdocsコマンドから実行する方法があります。

TechDocs Publisher

Generatorで生成されたファイルをストレージにアップロードする処理です。techdocs-backendは、ローカルストレージやS3・GCSなどのクラウドのストレージサービスに対応しています。Publisherは以下の処理を行います。

- 生成された静的ファイルをストレージにアップロードする（`techdocs.builder`）
- ユーザーがTechDocsサイトにアクセスしたときにストレージからファイルを取得

TechDocs Reader

TechDocs Readerは、リモートのドキュメントページを取得し、変換処理を行った上で、画面上に表示するための機能を提供しています。つまり、Backstageとtechdocs-backendの間に存在し、バックエンドとフロントエンドの中間でやり取りするインターフェイスとして機能しています。

7.5 TechDocsのビルド戦略

TechDocsのアーキテクチャとは別に、TechDocsではビルドなどに使われる重要な概念もあるの

で、あわせて紹介します。

TechDocs コンテナー

TechDocs コンテナーは、Docker Hub で公開されている Docker コンテナーです。MkDocs を通じて、Python ライクな Markdown のスタイルやスクリプトを含む静的な HTML ページを構築します。TechDocs ドキュメントを作成する際にコンテナーを使う場合、重要な役割を果たします。

TechDocs CLI

TechDocs CLI は、ドキュメントの作成、生成、プレビューを容易にするために作成されたものです。コンテナーや CICD でビルドする際にこの CLI を利用し、ドキュメントの生成や格納を行います。

TechDocs ビルド方法を検討する

TechDocs をどのように構築するか、あらゆる要件に適用するために、TechDocs はさまざまなビルド方法をサポートしています。TechDocs のバックエンドがビルドするのか、それとも外部のプロセス（CI/CD）などでビルドするのか、組み合わせたハイブリッドなビルドにするのか、柔軟に選択できます。デフォルト、つまり `techdocs.builder` 構成オプションが 'local' に設定されている場合では、TechDocs のバックエンドがビルドを行い、もし local でない場合は、バックエンドのビルドはスキップされます。これらは導入する要件や環境で異なるため、最適なビルド戦略を選択する必要があります。

TechDocs の基本アーキテクチャ

TechDocs の処理について説明しました。では、TechDocs のアーキテクチャについて見ていきましょう。

図7.6: TechDocs 基本アーキテクチャ

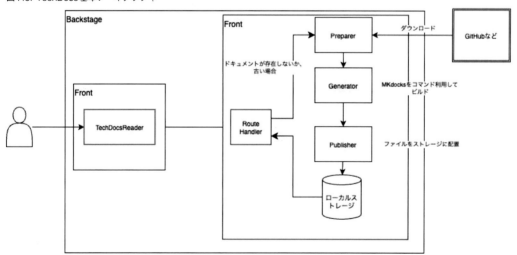

フロントからTechDocsのリクエストが来ると、TechDocs ReaderからTechDocs Backendプラグインにリクエストが飛びます。すると、ドキュメントが古いもしくは存在しない場合、TechDocs Preparerからソースファイルをダウンロードし、ドキュメントをビルドし、ストレージに配置します。バックエンドの処理が終わると、静的ファイルをTechDocs Readerに渡し、TechDocs Readerではレンダリング用に修正を行い、Backstage上に表示します。

　このアーキテクチャでは、Backstageのバックエンド上ですべての処理を行っておりますが、ドキュメントが増えた場合などスケールが難しく、本番運用には不十分な構成となっています。

TechDocsの発展編1 〜クラウドストレージを使う〜

　基本アーキテクチャを踏まえて、本番運用に向けてカスタマイズしていきましょう。本番運用するとすぐにドキュメントの数が増えていき、ローカルストレージのサイズでは対応しきれない可能性があります。そこで、ストレージをクラウドのストレージにしましょう。今回はAWSのS3を使っていきます。

　以下のようなアーキテクチャになります。

図7.7: ストレージとしてS3利用

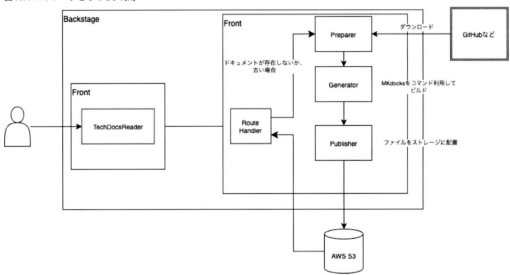

app-config.yamlに記載する、TechDocsの設定は以下のようになります。

リスト7.6: TechDocsの設定~S3設定~

```
techdocs:
  builder: 'local' # Alternatives - 'external'
  publisher:
    type: 'awsS3' # Alternatives - 'googleGcs' or 'awsS3'. Read documentation for
using alternatives.
    awsS3:
      bucketName: 'your-backstage-bucket-name' ← バケットの名前を入れる
```

第7章　TechDocs　129

awsS3の項目が増えましたが、これだけでは足りません。S3への認証情報が必要になります。以下の項目を追加し、必要な情報を記載しましょう。

リスト7.7: AWSの認証情報

```
aws:
  accounts:
    - accountId: '123456789012'←変更
      accessKeyId: ${AWS_ACCESS_KEY_ID}←変更
      secretAccessKey: ${AWS_SECRET_ACCESS_KEY}←変更
```

セキュリティーを考慮すると、設定ファイルへの直接の入力は避け、環境変数などを使うことをオススメします。

これで準備は万端です。Backstageを起動しましょう。先ほど作成したカタログのTechDocs-Demoを開き、Docsタブを選択しましょう。

図7.8: TechDocs動作確認~docs画面~

変わらずに表示されています。気づいた方がいるかもしれませんが、起動時にTechDocsをビルドする画面が出てきたと思います。これは、S3のバケット上にドキュメントがないため、ビルドが再実行されたことを意味します。

では、AWSのS3を見ていきましょう。

図7.9: TechDocs用のS3バケット

バケットにドキュメントのファイルが作成されていることがわかりますね。ここに、表示用のmeta.jsonなどが保管されています。

ストレージをS3に変更したことにより、ドキュメント管理のスケールが簡単にできました。

TechDocsの発展編2 〜CI/CDパイプラインでドキュメント生成〜

さらに発展させて、builderとしてCI/CDパイプラインを使ってみましょう。ドキュメントのビルド処理は、Backstage外でも実行できます。とくにドキュメントが大量にある場合、ビルドの負荷をBackstageではなく、CI/CDパイプラインが肩代わりすることで、負荷を分散できます。また、CI/CDパイプラインにビルド処理を渡すことで、Backstageの役割は「Backstage is the interface」であるように、役割分担が明確になります。

今回構築するアーキテクチャは、以下となります。

図7.10: GitHub Actionsアーキテクチャ

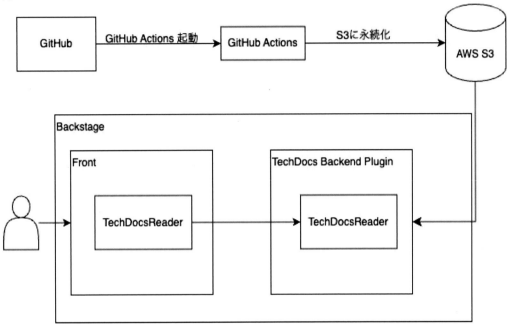

大きく修正が入るように思われますが、手を加える場所はそれほど多くありません。なお、TechDocsの発展編1の設定が完了していることを前提とします。

まずapp-config.yamlを修正します。builderをexternalにしましょう。こうすることで、TechDocsのバックエンドでのビルド処理はスキップされます。

リスト7.8: CI/CDパイプラインを使う場合のapp-config.yaml

```
techdocs:
  builder: 'external'
  # generator:
  #   runIn: 'local' # Alternatives - 'local'
  publisher:
    type: 'awsS3' # Alternatives - 'googleGcs' or 'awsS3'. Read documentation for
```

```
using alternatives.
    awsS3:
      bucketName: 'your-backstage-bucket-name'
```

次に、GitHub Actions のワークフローを作成しましょう。以下を参考にしてください。[1]

リスト 7.9: GitHub Actions 用の yaml

```yaml
name: Publish TechDocs Site

on:
  push:
    branches: [master]

jobs:
  publish-techdocs-site:
    runs-on: ubuntu-latest

    env:
      TECHDOCS_S3_BUCKET_NAME: 'your-backstage-bucket-name'
      AWS_ACCESS_KEY_ID: 'your_access_key_id'
      AWS_SECRET_ACCESS_KEY: 'your_secreat_access_key'
      AWS_REGION: 'your_reagion'
      ENTITY_NAMESPACE: 'default'
      ENTITY_KIND: 'Component'
      ENTITY_NAME: '{{ cookiecutter.component_id | jsonify }}'

    steps:
      - name: Checkout code
        uses: actions/checkout@v3

      - uses: actions/setup-node@v3
      - uses: actions/setup-python@v4
        with:
          python-version: '3.9'

      - name: setup java
        uses: actions/setup-java@v3
        with:
          distribution: 'zulu'
```

1.GitHub Actions のサンプル： https://backstage.io/docs/features/techdocs/configuring-ci-cd

```
          java-version: '11'
      - name: download, validate, install plantuml and its dependencies
        run: |
          curl -o plantuml.jar -L http://sourceforge.net/projects/plantuml/files/plantuml.1.2021.4.jar/download
          echo "be498123d20eaea95a94b174d770ef94adfdca18  plantuml.jar" | sha1sum -c -
          mv plantuml.jar /opt/plantuml.jar
          mkdir -p "$HOME/.local/bin"
          echo $'#!/bin/sh\n\njava -jar '/opt/plantuml.jar' ${@}' >> "$HOME/.local/bin/plantuml"
          chmod +x "$HOME/.local/bin/plantuml"
          echo "$HOME/.local/bin" >> $GITHUB_PATH
          sudo apt-get install -y graphviz

      - name: Install techdocs-cli
        run: sudo npm install -g @techdocs/cli

      - name: Install mkdocs and mkdocs plugins
        run: python -m pip install mkdocs-techdocs-core==1.*

      - name: Generate docs site
        run: techdocs-cli generate --no-docker --verbose

      - name: Publish docs site
        run: techdocs-cli publish --publisher-type awsS3 --storage-name $TECHDOCS_S3_BUCKET_NAME --entity $ENTITY_NAMESPACE/$ENTITY_KIND/$ENTITY_NAME
```

　これはGitHubのリポジトリのmasterブランチが更新されると、ワークフローが実行されるように設定しています。つまり、リポジトリが更新されると、ワークスペース上にtechdocs-cliに必要なライブラリーなどをチェックアウトし、ドキュメントをtechdocs-cliで生成し、S3バケットに配置します。また、このGitHub Actionsでは、ドキュメントの更新以外の変更であってもワークフローが起動してしまいます。本番運用を考えると、ドキュメントディレクトリー配下のファイルが更新された場合のみ、実行するよう指定するといいでしょう。しかし、デモである今回はこのまま進めます。

　このファイルで一部修正が必要です。格納先となるAWS S3へのアクセスキーやリージョン、バケット名を設定する必要があります。忘れずに設定し、ファイル名をtechdocs.ymlという名前で保存しましょう。

　なお、AWSのアクセスキーをリポジトリ内のファイルに直接記載するのは大変危険です。

Backstageが作成するのはPrivateリポジトリーではありますが、GitHubのSecrets機能を使い、ファイル内にアクセスキーを直接記載しないことを強く推奨します。

次に、このワークフローファイルをリポジトリーに登録しましょう。

今回はカタログに登録した際にGitHub Actionsも同時に登録したいので、exampleのディレクトリーにワークフローファイルも格納しましょう。examples/template/content配下に、.github/workflowsとなるようにディレクトリーを作成します。workflows配下に、先ほど作成したtechdocs.ymlを配置します。以下のようなファイルになれば、完成です。

リスト7.10: 更新後のexampleディレクトリー

```
└── template
    ├── content
    │   ├── .github
    │   │   └── workflows
    │   │       └── techdocs.yml
    │   ├── catalog-info.yaml
    │   ├── docs
    │   │   └── index.md
    │   ├── index.js
    │   ├── mkdocs.yml
    │   └── package.json
    └── template.yaml
```

では、これまでのように、Backstageでカタログを登録しましょう。

図7.11: TechDocsのCI/CDデモ

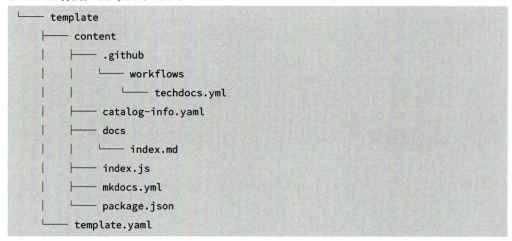

想定通り、リポジトリーが登録されています。

図7.12: TechDocsのCI/CDリポジトリー

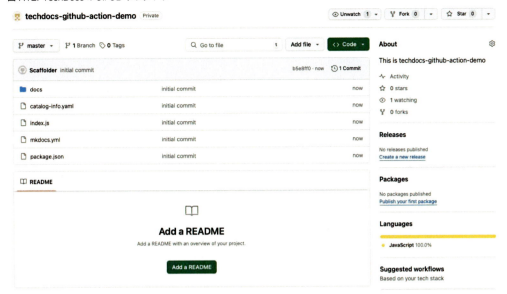

Actionsタブを見てみると、ワークフローが動いていることがわかります。

図7.13: TechDocsのGitHub Actions情報

S3にちゃんとプッシュされていますね。

図 7.14: S3バケット情報

Backstage上でドキュメントを見てみましょう。

図 7.15: ドキュメント画面を表示

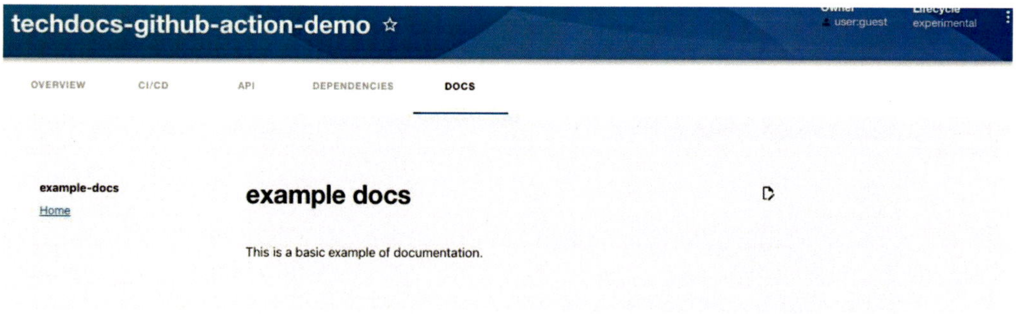

ちゃんと表示されますね。これで、目標としていたアーキテクチャを構築できました。

7.6 まとめ

本章では、Backstage TechDocsについて解説しました。4章から7章にかけて、Backstageの中核を成すコア機能について説明しました。

・Software Catalog

・Software Templates

・Backstage Search

・TechDocs

これらの機能は、BackstageがInternal Developer Portalとして開発者体験を高める上で非常に重要な機能を備えており、また工夫がされていることがわかったと思います。ここでは、書面の都合上簡単にしか説明できていないものもありますので、各機能の公式ドキュメントを読んでいただくと、より深く理解できると思います。

第8章　パッケージとプラグイン

　第1章のコンセプトと哲学の節で、Backstageの主要な構成要素のひとつとしてプラグインを紹介しました。プラグインはBackstageの基本機能の抽象化を担うと同時に、Backstageを特定のニーズに合わせるための拡張機能を提供します。このことからプラグインは、Backstageを構成するソフトウェアコンポーネントだと言えます。

　Backstageではすでに多くのプラグインが公開されており、公式ドキュメントのプラグインページ[1]から一覧を確認できます。

　一言でプラグインといっても、そのアーキテクチャや種類はさまざまです。本章では、プラグインとその作成方法の概要について解説します。

8.1　パッケージアーキテクチャとプラグインの種類

　Backstageは、パッケージ・ロールの概念を使用することで構造をスリムに保ち構造最適化を図っています[2]。ロールはパッケージの目的を特定する単一の文字列です。ロールが定義されていることにより各パッケージの責務が明確になるほか、パッケージの処理方法やテスト・リント設定の自動選択にも役立ちます。Backstageで指定できるロールは、packages/cli-node/src/roles/types.ts[3]に定義されています。

表8.1: Backstage で指定できるロール

ロール名	内容
frontend	フロントエンドアプリケーションのバンドル
backend	バックエンドアプリケーションのバンドル
cli	コマンドラインインターフェイス用のパッケージ
web-library	他のパッケージで使用するためのウェブ・ライブラリー
node-library	他のパッケージで使用するためのNode.jsライブラリー
common-library	他のパッケージで使用するための共通ライブラリー
frontend-plugin	フロントエンドプラグイン
frontend-plugin-module	フロントエンドプラグインを拡張するためのモジュール
backend-plugin	バックエンドプラグイン
backend-plugin-module	バックエンドプラグインを拡張するためのモジュール

　Backstage全体のパッケージアーキテクチャ概要は、以下の図の通りです[4]。プラグインもパッ

---

1. https://backstage.io/plugins/
2. RFC: https://github.com/backstage/backstage/issues/8729
3. https://github.com/backstage/backstage/blob/623eaf602ffb5f72ce02ced99247e8c3b0ead0c0/packages/cli-node/src/roles/types.ts#L22-L32
4. 出典元: https://backstage.io/docs/overview/architecture-overview/#package-architecture

ケージのひとつであり、図中では太い枠線と斜体のテキストで示されています。プラグインを取り
囲むように、プラグインのさまざまなインターフェイスポイントとなるパッケージグループが配置
されています。

図8.1: Backstage Packageアーキテクチャ

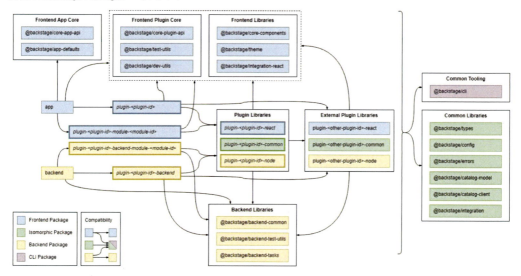

　図中の矢印は、ターゲットパッケージに対する実行時の依存関係を示しています。パッケージは
フロントエンドパッケージ、バックエンドパッケージ、共通パッケージ、CLIパッケージに大別さ
れますが、左下のCompatibilityに示されているように、それぞれのパッケージは特定の互換性ルー
ルを守る必要があります。

　Backstageのpackages/appとpackages/backendはBackstageシステムのエントリポイントです。
packages/appがフロントエンドアプリケーションのエントリポイントであり、フロントエンドプラ
グインをまとめてカスタマイズする部分です。packages/backendはバックエンドアプリケーショ
ンのエントリポイントであり、Backstageアプリケーションの稼働を支えるバックエンドサービス
です。packages/appとpackages/backendはそれぞれ、Backstageシステムの中に複数存在しえま
す。とくにバックエンドのパッケージはより小さな単位に分割することで、バックエンドサービス
をより小さな単位で管理できます。

フロントエンドパッケージ

　フロントエンドパッケージは、大きくふたつのグループに分類されます。ひとつ目はFrontend
App Coreでpackages/app自身でのみ使用されるパッケージです。フロントエンドアプリケーション
のコア構造を構築し、プラグインライブラリーが依存するための基盤を提供します。ふたつ目がコア
以外の共有パッケージで、Frontend Plugin CoreとFrontend Librariesが含まれます。Frontend
Plugin Coreはフロントエンドフレームワークの核を形成し、種々のプラグインを実行中のアプリ
ケーションに組み込むためのツールセットを提供します。Frontend Librariesは、プラグイン作

成のためのライブラリーを提供します。

バックエンドパッケージ

バックエンドのライブラリーパッケージは、フロントエンドのパッケージとは異なるプラグインアーキテクチャを採用しています。バックエンドパッケージは、シンプルにバックエンドサービスを構築するのに必要なビルディングブロックを提供します。詳細は後述します。

共通パッケージ

共通パッケージは、他のすべてのパッケージが依存しているパッケージ群です。フロントエンド、バックエンドの双方で実行される必要があるため、フロントエンドやバックエンドのパッケージに依存することは許容されません。

プラグインパッケージ

プラグインは、アーキテクチャによってひとつまたは複数のパッケージから構成されます。プラグイン内のすべてのパッケージは共通の接頭辞を持つ必要があり、通常は@backstage/plugin-の形式で表されます。各パッケージには、その役割を示す独自の接尾辞があります[5]。

表8.2: プラグインパッケージの接頭辞と役割

接頭辞	説明
plugin-\<plugin-id\>	プラグインのフロントエンド部分のメインとなるコード
plugin-\<plugin-id\>-module-\<module-id\>	フロントエンドプラグインパッケージに関連するオプションモジュール
plugin-\<plugin-id\>-backend	プラグインのバックエンド部分のメインとなるコード
plugin-\<plugin-id\>-backend-module-\<module-id\>	バックエンドプラグインパッケージに関連するオプションモジュール
plugin-\<plugin-id\>-react	フロントエンドプラグインやサードパーティのフロントエンドプラグインから利用可能な共通ウィジェット、フックなどを提供するライブラリー
plugin-\<plugin-id\>-node	バックエンドプラグインやサードパーティのバックエンドプラグインから利用可能な共通ユーティリティ、サービスなどを提供するライブラリー
plugin-\<plugin-id\>-common	フロントエンド・バックエンドパッケージから利用される共通ライブラリー

8.2 プラグインアーキテクチャ

プラグインは、必ずしもフロントエンドとバックエンドの双方を実装する必要はありません。プラグインには、以下3つのアーキテクチャパターンが存在します。
・スタンドアローン
・サービスバックエンド
・サードパーティバックエンド

---

[5] https://backstage.io/docs/architecture-decisions/adrs-adr011/

図8.2: Backstage プラグインとその構成

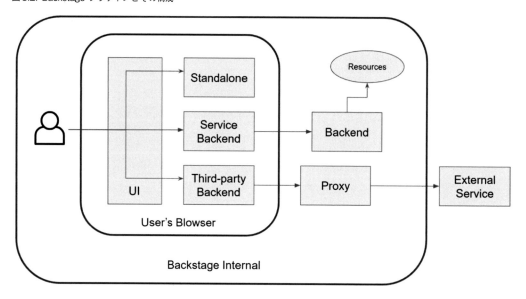

スタンドアローン

スタンドアローンのプラグインは、完全にBackstage内で動作が完結します。ほかのサービスへのAPIリクエストを行いません。

サービスバックエンド

サービスバックエンドのプラグインは、Backstageのエコシステム内のサービスにAPIリクエストを行います。Software Catalogも、サービスバックエンドプラグインの一例です。Backstageのバックエンドサービスからエンティティーを取得（Backstageエコシステム内のサービスへのAPIリクエスト）し、UI上でテーブル表示します。

サードパーティバックエンド

サービスバックエンドプラグインと類似していますが、サードパーティバックエンドプラグインはBackstageエコシステム外のサービスにAPIリクエストを行います。

8.3 プラグインの作成

プラグインの開発のガイドラインとして、以下4点が定められています[6]。
・TypeScriptで記述することを検討する
・管理を容易にするために、プラグインのディレクトリー構造を検討する
・UIにはBackstage Componentを使用することが好ましく、Backstage Componentを使用しない場

---

[6] https://backstage.io/docs/plugins/plugin-development/#developing-guidelines

合はMaterial UIを利用する
・新規のプラグインを作成する前に、既存のBackstage APIで要求を満たせないかを確認する

　プラグインの作成に当たっては、初期コード生成のためのコマンドがBackstage CLIに用意されています。たとえば、フロントエンド用のプラグインの初期コードは以下のコマンドで作成できます。

```
yarn new --select plugin
```

　`Enter the ID of the plugin [required]`と表示されるので、プラグインの機能全体の名前（プラグインID）を入力します。プラグインIDは、小文字・アルファベット・数字・ダッシュのみ使用可能です。作成が完了すると、コンソールに`Successfully created plugin`と表示され、plugins/フォルダー配下に入力したプラグインIDのフォルダーが作成されます。
　フロントエンドプラグインとBackstageアプリケーションが接続するためには、以下ふたつの対応が必要です。`yarn new --select plugin`でプラグインの初期コードを作成すると、これらの対応が自動的に行われます。
・app/package.jsonに依存関係としてプラグインを追加
・app/src/App.tsxなどに作成したプラグインをインポートして使用

　作成されたプラグインのパッケージをプラグインフォルダーのpackage.jsonで確認すると、`@internal/backstage-plugin-<plugin-id>`となっています。作成するプラグインのスコープは変更可能です。たとえば、スコープをbackstageに変更する場合、以下のコマンドでスコープを指定できます。

```
yarn new --select plugin --scope backstage
```

　上記コマンドで作成されたプラグインのパッケージは、`@backstage/plugin-<plugin-id>`となります。backstageをスコープにした場合、パッケージ名にbackstage-は付与されません。
　フロントエンドプラグインの初期コード以外も、コマンドから作成できます。たとえば、バックエンドプラグインの初期コードを作成する場合は、以下のコマンドを実行します。

```
yarn new --select backend-plugin
```

　フロントエンドプラグインと同様に`Enter the ID for the plugin [required]`と表示されるので、プラグインの機能全体の名前を入力します。作成が完了すると、plugins/フォルダー配下に`<plugin-id>-backend`フォルダーが作成されます。
　ほかにも、commonなどの初期コードもコマンドから作成可能です。オプションはソースコード[7]の各パッケージ用ファイル内のcreateFactoryで指定されているname部分で確認できるほか、select

---

7.https://github.com/backstage/backstage/tree/v1.14.0/packages/cli/src/lib/new/factories

を指定せずにコマンドを実行すると、対話形式で選択肢が表示されます。

```
$ yarn new
yarn run v1.22.22
$ backstage-cli new --scope internal
? What do you want to create? (Use arrow keys)
> backend-module - A new backend module that extends an existing backend plugin
with additional features
  backend-plugin - A new backend plugin
  plugin - A new frontend plugin
  node-library - A new node-library package, exporting shared functionality for
backend plugins and modules
  plugin-common - A new isomorphic common plugin package
  plugin-node - A new Node.js library plugin package
  plugin-react - A new web library plugin package
(Move up and down to reveal more choices)
```

8.4 フロントエンドプラグイン

`yarn new --select plugin`でフロントエンドプラグインの初期コードを生成すると、Backstage上で`/<plugin-id>`にサンプルのコンポーネントが表示されます。以下は`my-plugin`というプラグインを作成した場合の例です。

図8.3: サンプルのフロントエンドプラグイン（plugin-id: my-plugin）

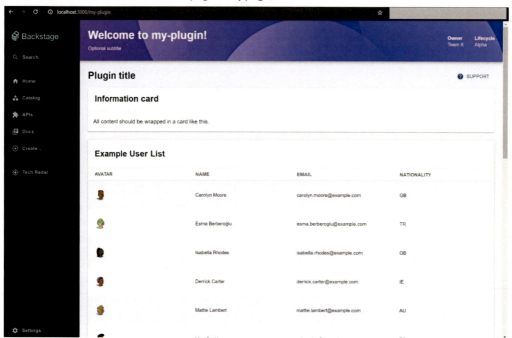

簡単にフロントエンドプラグインの初期コードの構造を確認してみましょう。

リスト8.1: フロントエンドプラグインの初期コード構造

```
my-plugin/
    dev/
        index.ts
    node_modules/
    src/
        components/
            ExampleComponent/
                ExampleComponent.test.tsx
                ExampleComponent.tsx
                index.ts
            ExampleFetchComponent/
                ExampleFetchComponent.test.tsx
                ExampleFetchComponent.tsx
                index.ts
        index.ts
        plugin.test.ts
        plugin.ts
        routes.ts
        setupTests.ts
    .eslintrc.js
    package.json
    README.md
```

　src/plugin.tsがプラグインを定義しているファイルであり、Backstageのアプリケーションでインポートして使用できるコンポーネントをエクスポートします。createPluginでプラグインのインスタンスを作成し、実際にプラグインの外部にエクスポートされて提供される拡張部分をcreate*Extension関数で作成後、plugin.provide()でラップして作成します。

　create*Extensionには、現在createComponentExtensionとcreateRoutableExtensionのふたつが指定できます。createComponentExtensionはたとえばエンティティーの概要ページのカードなど、特別な要件のないプレーンなReactコンポーネント用です。createRoutableExtensionはルーティングを持つコンポーネントで、トップレベルページやエンティティーページのタブコンテンツなど、特定のルートパスでレンダリングされるべきコンポーネントに使用されます。createRoutableExtensionを使用する場合、マウントポイントとしてRouteRefを指定する必要があります。マウントポイントは外部に対するコンポーネントの境界点となり、ルーティング可能なコンポーネントにリンクしたい他のコンポーネントやプラグインによって、useRouteRefを通して

使用されます。詳細については、createPlugin[8]関数やComposability System[9]のドキュメントを参照してください。

リスト8.2: plugins/my-plugin/src/plugin.ts
```ts
import {
  createPlugin,
  createRoutableExtension,
} from '@backstage/core-plugin-api';

import { rootRouteRef } from './routes';

export const myPluginPlugin = createPlugin({
  id: 'my-plugin',
  routes: {
    root: rootRouteRef,
  },
});

export const MyPluginPage = myPluginPlugin.provide(
  createRoutableExtension({
    name: 'MyPluginPage',
    component: () =>
      import('./components/ExampleComponent').then(m => m.ExampleComponent),
    mountPoint: rootRouteRef,
  }),
);
```

plugin.tsでcreateRoutableExtensionを使用する際に指定するmountPointは、routes.tsに定義されます。routes.tsには、以下のような定義を記述します。

リスト8.3: plugins/my-plugin/src/routes.ts
```ts
import { createRouteRef } from '@backstage/core-plugin-api';

export const rootRouteRef = createRouteRef({
  id: 'my-plugin',
});
```

routeRefは、アプリケーション内の特定のルートへの参照です。これは実際のURLパスから独

8.https://backstage.io/docs/reference/core-plugin-api.createplugin/
9.https://backstage.io/docs/plugins/composability/

立した抽象的な参照ポイントとして機能します。これにより、実際のURL構造が変更されても、参照は有効なままにできます。

　フロントエンドプラグインの初期コードには、ふたつのコンポーネント例が含まれています。ExampleComponentにはページコンポーネントの例が含まれており、ExampleFetchComponentには非同期にデータを取得してテーブルに取得したデータを表示する例が含まれています。ページコンポーネントであるExampleComponentがレイジーローディングされる、MyPluginPageという名前のReactコンポーネントが定義されています。ExampleComponentの中で、ExampleFetchComponentが呼ばれています。これらのコンポーネントを調整したり置き換えることで、自身の実装したい任意のプラグインを定義していきましょう。

　Backstageでは、フロントエンドのデザインガイドライン[10]が公開されています。全体で使用するコンポーネントについては、Storybook[11]で参照可能です。コンポーネントライブラリーとしては、Material-UIが使用されています。フロントエンドの実装を行う際は、デザインガイドラインやStorybookを参照するとよいでしょう。

　現在、フロントエンドプラグインで提供される拡張部分は、すべてReactコンポーネントとしてモデル化されています。これら拡張部分の利用は通常のReactコンポーネントと同様ですが、すべてルートのAppProviderにまたがる単一のReact Element Treeの一部として使用する必要がある、という大きな違いが1点あります。

　たとえば、以下のような中間コンポーネント（AppRoutes）を作成する例では、拡張部分の正しい解釈ができません。

リスト8.4: 誤ったExtentionsの呼び出し方

```
const AppRoutes = () => (
  <Routes>
    <Route path="/foo" element={<FooPage />} />
    <Route path="/bar" element={<BarPage />} />
  </Routes>
);

const App = () => (
  <AppProvider>
    <AppRouter>
      <Root>
        <AppRoutes />
      </Root>
    </AppRouter>
  </AppProvider>
);
```

10.https://backstage.io/docs/dls/design/
11.https://backstage.io/storybook/?path=/story/plugins-examples--plugin-with-data

ルーティングの定義を直接AppProviderの子孫要素として配置することで、拡張部分を正しく解釈できるようになります。

リスト8.5: 正しいExtentionsの呼び出し方
```
const appRoutes = (
  <Routes>
    <Route path="/foo" element={<FooPage />} />
    <Route path="/bar" element={<BarPage />} />
  </Routes>
);

const App = () => (
  <AppProvider>
    <AppRouter>
      <Root>{appRoutes}</Root>
    </AppRouter>
  </AppProvider>
);
```

8.5 バックエンドシステムアーキテクチャとプラグイン

フロントエンドの次は、バックエンドについても確認してみましょう。

バックエンドパッケージは、バックエンドサービスを構築するのに必要なビルディングブロックを提供すると前述しました。まずは、バックエンドシステムにおけるビルディングブロックを詳しく見ていきます。

以下は、バックエンドシステムのビルディングブロックの概要です[12]。

---

12. 出典元: https://backstage.io/docs/backend-system/architecture/index/

図8.4: バックエンドシステムのビルディングブロック概要

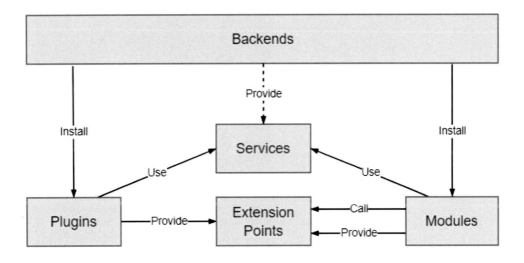

Backends

　バックエンドインスタンスそのものであり、デプロイの単位として機能します。バックエンドインスタンス自体には何の機能もありません。単に関連する要素をまとめる機能を提供します。

Services

　サービスは、プラグインの実装を簡素化するためのユーティリティを提供します。ロギングやデータベースアクセス、設定などの多くの組み込みサービスがあり、各プラグインがすべてを一から実装する必要性を低減します。組み込みサービスのほか、サードパーティのサービスをインポートしたり、独自のものを作成して利用もできます。

　サービスは、個々のバックエンドシステムのカスタマイズポイントでもあります。独自実装でサービスを上書きしたり、既存のサービスに小さなカスタマイズを加えることができます。

　プラグインやモジュールでサービスを利用するには、サービスリファレンス（ユーザーがサービスとやり取りするためにエクスポートする参照点）を通してリクエストを行います。

Plugins

　プラグインがバックエンドシステムの実機能を担います。プラグインは独立して動作を行うため、他のプラグインと通信するためにはネットワークを介して行う必要があります。コードを介したプラグイン間の直接的な通信はできないため、各プラグインはマイクロサービスとしてみなせます。デフォルトのBackstageシステムではすべてのプラグインが単一のバックエンドにインストールされていますが、バックエンドの構成を単一から複数に分割し、各バックエンドにひとつまたは複数のプラグインをインストールすることも可能です。

Extension Points

多くのプラグインにはプラグインを拡張する方法があり、拡張ポイントにエンコードされています。拡張ポイントの例としては、カタログのエンティティープロバイダーやテンプレートのカスタムアクションが挙げられます。

拡張ポイントは、プラグインやモジュールのインスタンスとは別にエクスポートされます。複数の異なる拡張ポイントを公開することも可能です。拡張ポイントがプラグインなどのインスタンスとは別にエクスポートされることで、個々の拡張ポイントを進化させたり廃止したりすることが容易になります。一般的に、多くのメソッドをもつ少数の拡張ポイントよりも、少数のメソッドをもつ多数の拡張ポイントをエクスポートした方がメンテナンスが容易になる傾向があります。

Modules

モジュールは拡張ポイントを利用して、ほかのプラグインやモジュールに新しい機能を追加したり、既存の動作を変更するために使用されます。各モジュールは単一のプラグインに属する拡張ポイントのみを使用することが可能で、そのプラグインと同じバックエンドインスタンスでデプロイする必要があります。モジュールは、登録した拡張ポイントを通じて対象のプラグインや他のモジュールと通信できます。プラグイン同様、モジュールもサービスにアクセス可能ですが、モジュール固有のサービス実装はありません。

モジュールもプラグインも、起動時に呼び出されるinitメソッドを登録します。プラグイン起動前にモジュールがすべての拡張ポイントを読み込んでいることを保証するため、プラグイン自身の初期化の前に各モジュールが完全に初期化されます。実際には、プラグインのinitメソッドが呼ばれる前に、モジュールの各initメソッドによって返却されるすべてのPromiseが解決される必要があります。

Package structure

パッケージアーキテクチャとバックエンドシステムのビルディングブロックのマッピングをすると、以下のようになります。

- backend: バックエンドシステム本体
- plugin-<pluginId>-backend: バックエンドプラグイン本体の実装
- plugin-<pluginId>-node: バックエンドプラグインの拡張ポイントや他のプラグインやモジュールが必要とするユーティリティを格納
- plugin-<pluginId>-backend-module-<moduleId>: 拡張ポイントを介してプラグインを拡張するモジュールを格納

8.6 バックエンドプラグイン

`yarn new --select backend-plugin`コマンドでBackendプラグインの初期コードを生成すると、以下のようなディレクトリー構造が作成されます。

リスト 8.6: バックエンドプラグインの初期コード構造

```
my-plugin-backend/
    dev/
        index.ts
    node_modules/
    src/
        service/
            route.ts
            route.test.ts
        index.ts
        plugin.test.ts
        plugin.ts
    .eslintrc.js
    package.json
    README.md
```

plugin.tsがバックエンドプラグインの主要なロジックと初期化を含むファイルです。router.tsは、バックエンドプラグインのHTTPエンドポイントとルーティングロジックを定義します。index.tsは、バックエンドプラグインのエントリーポイントとして機能します。

それぞれのファイルについて、中身を確認してみましょう。

リスト 8.7: plugins/my-plugin-backend/src/plugin.ts

```
import {
  coreServices,
  createBackendPlugin,
} from '@backstage/backend-plugin-api';
import { createRouter } from './service/router';

/**
 * myPluginPlugin backend plugin
 *
 * @public
 */
export const myPluginPlugin = createBackendPlugin({
  pluginId: 'my-plugin',
  register(env) {
    env.registerInit({
      deps: {
        httpRouter: coreServices.httpRouter,
        logger: coreServices.logger,
        config: coreServices.rootConfig,
```

```
    },
    async init({ httpRouter, logger, config }) {
      httpRouter.use(
        await createRouter({
          logger,
          config,
        }),
      );
      httpRouter.addAuthPolicy({
        path: '/health',
        allow: 'unauthenticated',
      });
    },
  });
},
});
```

　createBackendPlugin関数部分でプラグインを作成します。パラメーターとして渡している pluginIdは一意の識別子であり、register部分がプラグインの初期化と登録を行います。register 関数内でenv.registerInitを使用してプラグインの初期化を行っており、ここであわせてほかのサービスへの依存関係を宣言しています。coreServicesはBackstageのバックエンドでデフォルトで提供されているコアサービスであり、@backstage/backend-plugin-apiパッケージのcoreServices 名前空間を通して利用可能です[13]。

　init関数内では宣言した依存サービスのインスタンスを注入するとともに、router.ts内で定義されるcreateRouterを呼び出しhttpRouter.useでルーターを登録しています。これにより、プラグインのルートがBackstageのメインのHTTPルーターに追加されます。httpRouter.addAuthPolicy の部分では、/healthエンドポイントに認証なしでアクセスできるように認証ポリシーを追加しています。補足として、Backstage v1.25よりプラグインへのネットワークリクエストは、デフォルトで認証されていないユーザーのアクセスを許可しないようになりました。

　plugin.tsで呼び出しているrouter.tsについても、中身を確認してみます。

リスト8.8: plugins/my-plugin-backend/src/service/router.ts

```
import { MiddlewareFactory } from '@backstage/backend-defaults/rootHttpRouter';
import { LoggerService } from '@backstage/backend-plugin-api';
import { Config } from '@backstage/config';
import express from 'express';
import Router from 'express-promise-router';
```

---

[13].https://backstage.io/docs/backend-system/core-services/index/

```
export interface RouterOptions {
  logger: LoggerService;
  config: Config;
}

export async function createRouter(
  options: RouterOptions,
): Promise<express.Router> {
  const { logger, config } = options;

  const router = Router();
  router.use(express.json());

  router.get('/health', (_, response) => {
    logger.info('PONG!');
    response.json({ status: 'ok' });
  });

  const middleware = MiddlewareFactory.create({ logger, config });

  router.use(middleware.error());
  return router;
}
```

　createRouterがプラグインのメインルーターを作成する非同期関数であり、以下の2行で初期化を行っています。express-promise-routerでルーターを作成し、express.json()部分でミドルウェアを追加してJSON形式のリクエストボディを処理できるようにしています。

リスト8.9: createRouter関数の初期化

```
const router = Router();
router.use(express.json());
```

　router.get('/health', (_, response) => {...})で/healthエンドポイントにGETリクエストがあった場合の処理を定義しています。ここで着目しておきたいのが、認証メカニズムに関してはrouter.ts内では定義していない点です。router.ts内ではあくまでルート名とレスポンスデータのみが定義されており、認証についてはplugin.tsのプラグイン定義の中で行われます。

　では、初期に生成されるコードの実際の挙動を確かめてみましょう。
　yarn new --select backend-pluginコマンドでBackendプラグインの初期コードを生成すると、Backstage本体のpackages/backend/src/index.tsに自動的にimport文が追加されており、これによりプラグインの読み込みがなされています。

リスト8.10: Backstage本体のindex.tsに追加されるimport文

```
// ...
backend.add(import('@internal/backstage-plugin-my-plugin-backend'));
backend.start();
```

この状態で、yarn start-backendコマンドでBackstageのバックエンドを起動してみましょう。バックエンドが起動したのち、http://localhost:7007/api/my-plugin/healthにアクセスしてみます。router.ts内での定義（response.json({ status: 'ok' });）の通りのレスポンスが返ってくることを確認できます。

リスト8.11: /healthエンドポイントのレスポンス

```
$ curl http://localhost:7007/api/my-plugin/health
{"status":"ok"}
```

また、/healthエンドポイントにはlogger.info('PONG!');もあわせて定義されているため、以下の通りログ出力されていることも確認できます。

リスト8.12: /healthエンドポイントのログ出力

```
2024-07-26T17:20:46.144Z my-plugin info PONG!
```

8.7 プラグインの独自コンフィグレーション

プラグインにて独自のコンフィグレーションを追加したい場合は、事前にプラグインでスキーマを定義[14]する必要があります。config.d.tsというファイルをプラグインフォルダーのトップディレクトリーに作成し、その中にスキーマを定義します。

リスト8.13: プラグインのコンフィグレーションスキーマの例: config.d.ts

```
export interface Config {
  app: {
    /**
     * Frontend root URL
     * @visibility frontend
     */
    baseUrl: string;

    // Use @items.<name> to assign annotations to primitive array items
    /** @items.visibility frontend */
    myItems: string[];
```

---

[14] https://backstage.io/docs/conf/defining/

```
    };
}
```

　上記であれば、app-config.yaml上でapp.baseUrlとapp.myItemsが設定可能になります。各定義には、Visibility[15]を設定できます。デフォルトでは、バックエンドプラグインでのみ読み取り可能になっています。フロントエンドプラグインで読み取り可能にする場合は、Visibilityとしてfrontendを指定する必要があります。

表8.3: パッケージ独自コンフィグレーションのVisibility

Visibility	説明
frontend	フロントエンド・バックエンドプラグインの双方で読み取り可能
backend	（デフォルト）バックエンドプラグインのみで読み取り可能
secret	バックエンドプラグインのみで読み取り可能かつログ出力から除外する

　Backstageでスキーマファイルは、エコシステムの一部として各リポジトリー内のすべてのパッケージと依存関係から収集されます。エコシステムの一部とは、パッケージが@backstage名前空間内の少なくともひとつの依存関係を持っているか、package.jsonにconfigSchemaフィールドがある場合に該当します。各パッケージは、package.jsonのトップレベルconfigSchemaフィールドでスキーマを検索します。スキーマファイルを定義するときは、filesフィールドにもそのファイルを含める必要があります。そのため、プラグインのスキーマをBackstageに認識させるために、作成したプラグインのpackage.jsonに以下のように記述します。

リスト8.14: プラグインのpackage.jsonにスキーマファイルを追加

```
{
  // ...
  "files": [
    // ...
    "config.d.ts"
  ],
  "configSchema": "config.d.ts"
}
```

8.8 Feature Flags

　開発中のプラグインを特定のケースにおいて有効化・無効化したいケースもあるかと思います。BackstageではFeature Flags[16]を使用して、特定の機能を有効化・無効化できます。BackstageのFeature Flagsは、「Settings」の「Feature Flags」タブから制御できます。

15.https://backstage.io/docs/conf/defining#visibility
16.https://backstage.io/docs/plugins/feature-flags/

図8.5: BackstageのFeature Flags設定画面

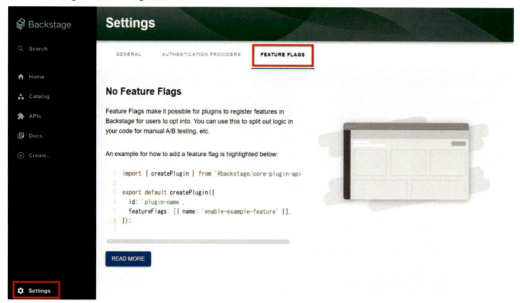

`yarn new --select plugin`で生成されるフロントエンドプラグインを例に、Feature Flagsの設定方法を見ていきましょう。

もっとも簡単なFeature Flagsの定義方法は、`FeatureFlagged`[17]コンポーネントを利用することです。

Feature Flagsで制御したい部分を`FeatureFlagged`コンポーネントでラップします。今回はサンプルのフロントエンドプラグインの表示をFeature Flagsで制御するため、`packages/app/src/App.tsx`内の`<Route path="/my-plugin" element={<MyPluginPage />} />`定義部分を`FeatureFlagged`でラップします。`const routes = (...`から始まる部分を探し、以下のように記述します。

リスト8.15: App.tsxにおけるFeature Flagsコンポーネントの使用

```
const routes = (
  <FlatRoutes>
    // ...
    {/* <Route path="/my-plugin" element={<MyPluginPage />} /> */}
    <Route
      path="/my-plugin"
      element={
        <>
          <FeatureFlagged with="enable-my-plugin">
            <MyPluginPage />
          </FeatureFlagged>
          <FeatureFlagged without="enable-my-plugin">
```

17.https://backstage.io/docs/reference/core-app-api.featureflagged/

154 　第8章　パッケージとプラグイン

```
              <div>My Plugin is currently disabled</div>
            </FeatureFlagged>
          </ />
        }
      />
    </FlatRoutes>
);
```

with/without属性にはFeature Flagsの名前を指定し、そのFeature Flagsが有効/無効の場合に表示するコンポーネントを指定します。この例では、enable-my-pluginというFeature Flagsが有効の場合には`MyPluginPage`コンポーネントが表示され、無効の場合には`My Plugin is currently disabled`という文字列が表示されるようになります。

上記のように設定すると、「Settings」の「Feature Flags」タブにサンプルのフロントエンドプラグインのFeature Flagsが表示されるようになります。

図8.6: My PluginコンポーネントのFeature Flag

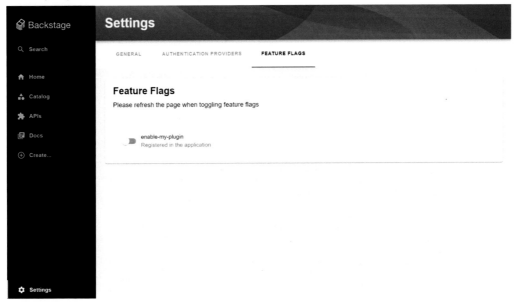

Feature FlagsのON/OFFによって、プラグインの表示が切り替わることを確認してみましょう。初期状態ではFeature FlagがOFFになっているので、この状態で/my-pluginにアクセスすると「My Plugin is currently disabled」という文字列が表示されます。一方で、Feature FlagsをONにしてから/my-pluginにアクセスすると、`MyPluginPage`コンポーネントが表示されるようになります。

図 8.7: Feature Flag 無効時の My Plugin 表示

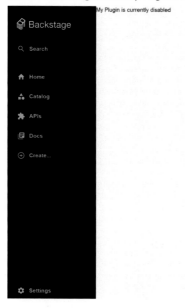

Feature Flagsのトグル部分に表示する説明文を設定することもできます。createApp()関数呼び出し部分でfeatureFlags配列を追加することで、説明文の指定が可能です。packages/app/src/App.tsx 内の const app = createApp({... から始まる部分を探し、featureFlags配列を追加します。

リスト 8.16: App.tsx における Feature Flags の定義

```
// ...
const app = createApp({
  // ...
  components: {
    SignInPage: props => (
      <SignInPage {...props} auto providers={['guest', githubProvider]} />
    ),
  },
  // 以下を追記
  featureFlags: [
    {
      // pluginId is required for feature flags used in plugins.
      // pluginId can be left blank for a feature flag used in the application and not in plugins.
      pluginId: 'my-plugin',
      name: 'enable-my-plugin',
      description: 'Enables My Plugin feature!!',
    },
```

```
  ],
});
```

　上記の設定が完了したのち「Settings」の「Feature Flags」タブからFeature Flagsのトグル部分を確認すると、表示される説明文が変更されていることが確認できます。

図8.8: Feature Flagsの説明文変更

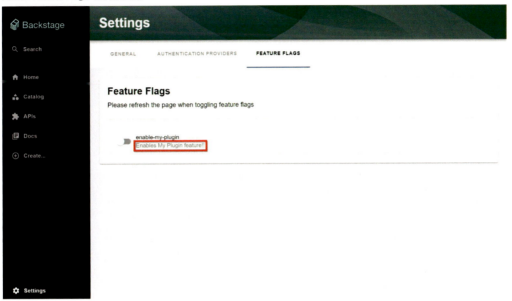

　packages/app/src/App.tsxのFeature Flagsで制御したい部分を直接FeatureFlaggedコンポーネントでラップする方法のほかに、上記のpackages/app/src/App.tsxにfeatureFlags配列を追記するだけの方法やプラグイン側でFeature Flagsを定義する方法もあります。

　プラグイン側でFeature Flagsを定義する場合は、plugins/my-plugin/src/plugin.tsにFeature Flagsを定義するfeatureFlags配列を追加します。

リスト8.17: plugin.tsにおけるFeature Flagsの定義

```
// ...

export const myPluginPlugin = createPlugin({
  id: 'my-plugin',
  routes: {
    root: rootRouteRef,
  },
  // Feature Flagの定義
  featureFlags: [
    {
      name: 'enable-my-plugin',
```

```
    },
  ],
});

//...
```

注意点として、packages/app/src/App.tsx や plugins/my-plugin/src/plugin.ts で Feature Flags を定義する featureFlags 配列を追加しただけでは、実際の機能の制御は行われません。プラグイン内の表示を制御するには、プラグイン内の対象のコンポーネントを FeatureFlagged コンポーネントでラップする必要があります。たとえば、以下のように plugins/my-plugin/src/components/ExampleComponent/ExampleComponent.tsx 内で Feature Flags を定義することで、Feature Flag の状態に応じてコンポーネントの表示を適切に制御できます。

リスト 8.18: プラグイン内での FeatureFlagged コンポーネントの使用

```
//...
import { FeatureFlagged } from '@backstage/core-app-api';

export const ExampleComponent = () => (
  <Page themeId="tool">
    <Header title="Welcome to my-plugin!" subtitle="Optional subtitle">
      <HeaderLabel label="Owner" value="Team X" />
      <HeaderLabel label="Lifecycle" value="Alpha" />
    </Header>
    // Content を FeatureFlagged コンポーネントで囲むことで制御
    <FeatureFlagged with="enable-my-plugin">
      <Content>
        // ...
      </Content>
    </FeatureFlagged>
  </Page>
);
```

8.9　Internationalization

Backstage を利用していくにあたり、UI の多言語化（とくに日本においては日本語表示）が求められるケースもあるかと思います。Backstage では、v1.24 よりコアコンポーネントのプラグインの Internationalization（i18n）[18]が進められています。i18n のベースとなっているライブラリーは

18.https://backstage.io/docs/plugins/internationalization

i18next[19]であり、TypeScriptによる型安全なi18nの実装が可能となっています。いまだ実験的な機能として提供されているため、今後のバージョンで仕様が変更される可能性もありますが、日本国内におけるBackstage利用の障壁を下げるひとつの試みとしてi18nの導入は重要な要素となると考えているため、本項にてi18nの導入方法について概要を紹介します。

i18nの導入

すでにi18nが導入されているユーザー設定用のプラグインを例に、どのようにi18nを導入するかを確認してみましょう。i18n導入にあたり、まず翻訳用のリソースを準備します。

`packages/app/src/`内に`translations`ディレクトリーを作成し、その中に`userSettingTranslations.ts`というファイルを作成します。今回は、ユーザー設定画面の日本語・中国語の翻訳リソースを定義してみます。なお、中国語に関しては紙面の都合上すべてXXとしていますが、実際の翻訳リソースは適切な翻訳を行ってください。

リスト8.19: ユーザー設定用翻訳リソースの例: userSettingTranslations.ts

```ts
// packages/app/src/translations/userSettingTranslations.ts

import { createTranslationResource } from '@backstage/core-plugin-api/alpha';
import { userSettingsTranslationRef } from '@backstage/plugin-user-settings/alpha';

export const userSettingsMessages = createTranslationResource({
  ref: userSettingsTranslationRef,
  translations: {
    ja: () =>
      Promise.resolve({
        default: {
          'languageToggle.title': '言語',
          'languageToggle.select': '{{language}}を選択',
          'languageToggle.description': '言語を切り替える',
          'themeToggle.title': 'テーマ',
          'themeToggle.description': 'テーマを切り替える',
          'themeToggle.select': '{{theme}}を選択',
          'themeToggle.selectAuto': '自動テーマを選択',
          'themeToggle.names.auto': '自動',
          'themeToggle.names.dark': 'ダーク',
          'themeToggle.names.light': 'ライト',
        },
      }),
    zh: () =>
      Promise.resolve({
```

---

[19] https://www.i18next.com/

```
        default: {
          'languageToggle.title': 'XX',
          'languageToggle.select': 'XX{{language}}',
          'languageToggle.description': 'XX',
          'themeToggle.title': 'XX',
          'themeToggle.description': 'XX',
          'themeToggle.select': 'XX{{theme}}',
          'themeToggle.selectAuto': 'XX',
          'themeToggle.names.auto': 'XX',
          'themeToggle.names.dark': 'XX',
          'themeToggle.names.light': 'XX',
        },
      }),
   },
});
```

簡単にコードの解説をします。createTranslationResource関数で日本語の翻訳リソースを作成し、userSettingsMessagesとしてエクスポートしています。refの部分で翻訳対象のプラグインを指定し、translationsの部分で翻訳リソースを定義しています。translations内で言語の指定を行います。言語の指定は複数可能で、ja関数で日本語の翻訳リソースを定義し、zh関数で中国語の翻訳リソースを定義しています。各言語の翻訳リソースは、キーと値のペアで定義されており、{language}や{theme}のように、変数を埋め込むことも可能です。また、Promiseを返却することで、非同期での翻訳読み込みをサポートしています。

translationsの部分で指定できる内容は、プラグイン側で定義されています。たとえばplugin-user-settingsの場合は、Backstageリポジトリのplugins/user-settings/src/translation.ts[20]にて定義されています。ほかにも、v1.29でサポートされたカタログの翻訳リソースはplugins/catalog/src/translation.ts[21]にて定義されています。なお、translationsの部分での翻訳リソースの指定ですが、v1.29時点では部分的な定義が許容されておらず、定義可能なリソースすべての定義が必要となります。

翻訳用のリソースを作成したら、packages/app/src/App.tsx内で翻訳リソースを読み込む処理を追加します。const app = createApp({...から始まる部分を探し、以下のように追記を行います。

リスト8.20: App.tsxにおける翻訳リソースの読み込み

```
// ...
// 追記
import { userSettingsMessages } from './components/translations/userSetting
Translations';
```

20.https://github.com/backstage/backstage/blob/master/plugins/user-settings/src/translation.ts
21.https://github.com/backstage/backstage/blob/master/plugins/catalog/src/translation.ts

```
// ...
const app = createApp({
  apis,
  // ...
  // 以下追記
  __experimentalTranslations: {
    availableLanguages: ['en', 'zh', 'ja'],
    resources: [userSettingsMessages],
  },
});
```

App.tsx内で翻訳リソースの読み込みを定義すると、以下のとおり「Settings」の「GENERAL」タブ、「Appearance」内に「Language」設定が表示されるようになります。

図8.9: GENERAL 内の Language 設定表示

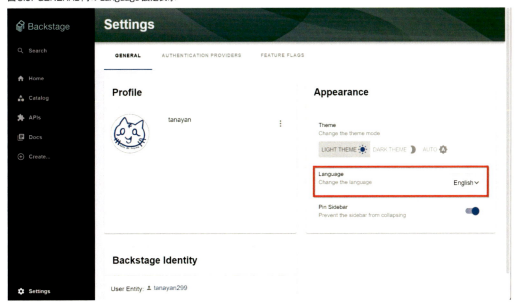

言語選択のプルダウンには、availableLanguagesで指定した言語が表示されます。言語を選択すると、ユーザー設定画面の表示が選択した言語に切り替わることを確認できます。なお、翻訳リソース内に存在しない言語を指定した場合は、デフォルトの言語が表示されます。

図 8.10: Settings の日本語表示

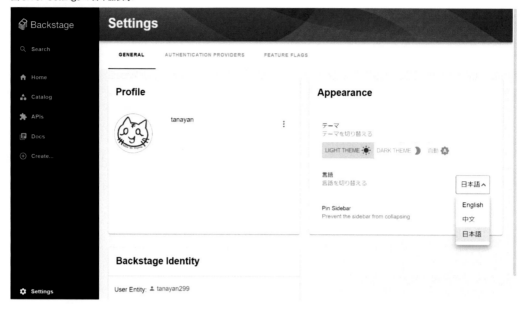

プラグインの i18n 対応

自分で作成したプラグインや i18n 対応がされていないプラグインに対して、i18n を導入するにはどうすればよいでしょうか。サンプルのフロントエンドプラグインを例に、プラグインの i18n 対応方法を確認してみましょう。

まず、プラグイン内に翻訳リソースを定義するためのファイルを/plugins/my-plugin/src/配下に作成します。ファイル名は任意ですが、多くの既存プラグインにならい、ここでは translation.ts として作成します。

リスト 8.21: /plugins/my-plugin/src/translation.ts

```
import { createTranslationRef } from '@backstage/core-plugin-api/alpha';

export const myPluginTranslationRef = createTranslationRef({
  id: 'plugin.my-plugin',
  messages: {
    header: {
      title: 'Welcome to my-plugin!',
      subtitle: 'Optional subtitle',
      owner: 'Owner',
      lifecycle: 'Lifecycle',
    },
    content: {
      title: 'Plugin title',
```

```
      supportButtonDescription: 'A description of your plugin goes here.',
      infoCardTitle: 'Information card',
      infoCardContent: 'All content should be wrapped in a card like this.',
    },
  },
});
```

　createTranslationRef関数にて参照部分を作成します。参照部分では、プラグイン内で使用される翻訳キー構造を定義します。messagesの中に実際の翻訳キーとデフォルト値（通常は英語）を定義します。キーを階層化して定義することで、翻訳リソースの管理がしやすくなります。
　作成した翻訳リソースをエクスポートするため、/plugins/my-plugin/src/index.tsに以下のように追記します。

リスト8.22: プラグイン用翻訳リソースのエクスポート: /plugins/my-plugin/src/index.ts

```
export { myPluginPlugin, MyPluginPage } from './plugin';
// 以下追記
export { myPluginTranslationRef } from './translation';
```

　プラグイン用に定義した翻訳リソースを利用して、プラグインコンポーネントのi18n対応を行います。プラグインコンポーネントのi18n対応は、/plugins/my-plugin/src/components/ExampleComponent/ExampleComponent.tsx内で行います。

リスト8.23: プラグインコンポーネントのi18n対応: ExampleComponent.tsx

```
import React from 'react';
import { Typography, Grid } from '@material-ui/core';
import {
  InfoCard,
  Header,
  Page,
  Content,
  ContentHeader,
  HeaderLabel,
  SupportButton,
} from '@backstage/core-components';
import { ExampleFetchComponent } from '../ExampleFetchComponent';
// i18n用リソースImport
import { useTranslationRef } from '@backstage/core-plugin-api/alpha';
import { myPluginTranslationRef } from '../../translation';

export const ExampleComponent = () => {
```

```
  // i18n用リソースの使用
  const { t } = useTranslationRef(myPluginTranslationRef);

  return (
    <Page themeId="tool">
      <Header title={t('header.title')} subtitle={t('header.subtitle')}>
        <HeaderLabel label={t('header.owner')} value="Team X" />
        <HeaderLabel label={t('header.lifecycle')} value="Alpha" />
      </Header>
      <Content>
        <ContentHeader title={t('content.title')}>
          <SupportButton>{t('content.supportButtonDescription')}</SupportButton>
        </ContentHeader>
        <Grid container spacing={3} direction="column">
          <Grid item>
            <InfoCard title={t('content.infoCardTitle')}>
              <Typography variant="body1">
                {t('content.infoCardContent')}
              </Typography>
            </InfoCard>
          </Grid>
          <Grid item>
            <ExampleFetchComponent />
          </Grid>
        </Grid>
      </Content>
    </Page>
  );
};
```

useTranslationRefはBackstageのi18n対応用のフックであり、myPluginTranslationRefを指定することで、プラグイン用の翻訳リソースを使用できます。コンポーネント内でuseTranslationRefフックを呼び出し、t関数を取得しています。このt関数は翻訳キーを受け取り、現在の言語設定に応じた翻訳テキストを返却します。たとえばヘッダー部分であれば、以下のように変更することでi18n対応を行います。

リスト8.24: ヘッダー部分のi18n対応

```
<Header title="Welcome to my-plugin!" subtitle="Optional subtitle">
  ↓
<Header title={t('header.title')} subtitle={t('header.subtitle')}>
```

コンポーネント内の各テキスト部分についても同様に、i18n対応を行います。コンポーネント内のi18n対応が完了したら、プラグイン側のi18n対応は完了です。

プラグインのi18n対応が完了したら、/packages/app/src/translations/内にあるuserSettingTranslations.tsのようにプラグイン用の翻訳リソースを定義することで、Backstage側でプラグインの翻訳リソースを読み込むことが可能になります。サンプルのフロントエンドプラグイン用の日本語翻訳リソースを/packages/app/src/translations/myPluginTranslations.tsファイルに準備します。

リスト8.25: /packages/app/src/translations/myPluginTranslations.ts

```
import { createTranslationResource } from '@backstage/core-plugin-api/alpha';
import { myPluginTranslationRef } from '@internal/backstage-plugin-my-plugin';

export const japaneseMyPluginMessages = createTranslationResource({
  ref: myPluginTranslationRef,
  translations: {
    ja: () =>
      Promise.resolve({
        default: {
          'header.title': 'my-pluginへようこそ！',
          'header.subtitle': 'オプションのサブタイトル',
          'header.owner': 'オーナー',
          'header.lifecycle': 'ライフサイクル',
          'content.title': 'プラグインタイトル',
          'content.supportButtonDescription':
            'ここにプラグインの説明が入ります。',
          'content.infoCardTitle': '情報カード',
          'content.infoCardContent':
            'すべてのコンテンツはこのようなカードでラップされるべきです。',
        },
      }),
  },
});
```

用意した翻訳リソースを読み込むため、/packages/app/src/App.tsx内で翻訳リソースを読み込む処理を追加します。

リスト8.26: App.tsxにおけるプラグイン用翻訳リソースの読み込み

```
// ...
// 追記
import { japaneseMyPluginMessages } from './components/translations/myPluginTrans
lations';

// ...
const app = createApp({
  apis,
  // ...
  __experimentalTranslations: {
    availableLanguages: ['en', 'zh', 'ja'],
    // 以下japaneseMyPluginMessagesを追記
    resources: [userSettingsMessages, japaneseMyPluginMessages],
  },
});
```

　これで、サンプルのプラグインコンポーネントのExampleComponent部分のi18n対応は完了です。日本語表示に切り替えたうえで/my-pluginにアクセスすると、ExampleComponent部分の表示が日本語に切り替わっていることを確認できます。

図8.11: my-pluginのi18n表示

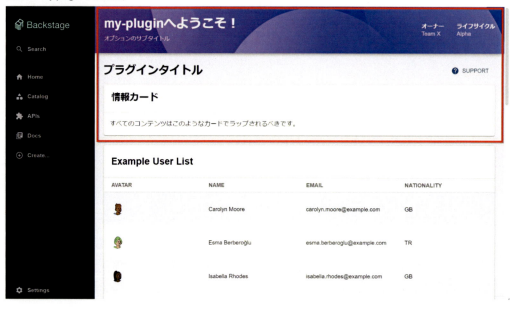

8.10 まとめ

本章ではBackstageのパッケージアーキテクチャとプラグインの概要、ならびにプラグインの作成方法の概要について解説しました。プラグインはBackstageのエコシステムを構成する重要な要素であり、Backstageを特定のニーズに合わせてカスタマイズするための手段となります。

プラグインの作成にはBackstageそのものの理解のほか、ReactやTypeScriptなどの知識も必要です。プラグイン開発はいささか敷居が高いように感じますが、プラグインを組み合わせてニーズに合わせてカスタマイズすることがBackstageの醍醐味であり、特徴のひとつだと思います。ぜひ、プラグインの開発にもチャレンジしてみてください。

プラグイン全体については、公式ドキュメントのPluginページ[22]に記載があります。バックエンドに関しては、新バックエンドシステムのBuilding Backend Plugins and Modules[23]ページに詳細が記載されています。バックエンドに関しては、Backstage v1.24からデフォルトで通信が保護されるようになりました。それに伴い、バックエンドプラグインでは認証や認可の設定が必要になります。マイグレーションガイドが公開されているので、バックエンドプラグインの開発を行う際には参照してください[24]。また、Backstageではすでに多くのプラグインが公開されています。ドキュメントに記載がない部分は、既存のプラグインのソースコード[25]がプラグイン開発の大きな力になってくれるはずです。

Communityプラグイン

本書はBackstage v1.29を前提に記述していますが、2024/04/19~2024/04/20にかけて公開されたv1.26.1~v1.26.3において、多くのコミュニティープラグインがBackstage本体のRepositoryからCommunity Plugin Repository[26]に移行されました。移行対象のプラグインパッケージは、移行に合わせてscopeが@backstageから@backstage-communityに変更されています。

以下の移行用のコマンドが提供されていますが、Backstageのバージョンがv1.26.1以上か否かでバージョンアップ方法が異なるので、注意しましょう[27]。なお、v1.26.3以降では`yarn backstage-cli versions:bump`コマンドが自動的に移動したパッケージをチェックします。

```
# < 1.26.1
yarn backstage-cli versions:bump
yarn backstage-cli versions:migrate

# 1.26.1
yarn backstage-cli versions:bump --skip-migrate
yarn backstage-cli versions:migrate
```

26.https://github.com/backstage/community-plugins
27.https://backstage.io/blog/2024/04/19/community-plugins#the-migration

---

22.https://backstage.io/docs/plugins/
23.https://backstage.io/docs/backend-system/building-plugins-and-modules/index
24.https://backstage.io/docs/tutorials/auth-service-migration/#plugin--module-migration
25.https://github.com/backstage/backstage/tree/master/plugins

第9章 Backstage Permission

Backstageはさまざまな情報を一元管理するインターフェイスとして機能しますが、情報によっては特定のユーザーにのみアクセスや操作を許可したいケースが出てくるでしょう。本章では、Backstageにおけるパーミッションとその設定方法の概要について解説します。

9.1 Backstageにおけるパーミッション

Backstageでは、アクセス制御を実現するためにパーミッションフレームワークが用意されています。パーミッションフレームワークはプラグインとして提供され、デフォルトでは無効になっています。Backstageにおけるパーミッション制御の流れは、以下の通りです[1]。

図9.1: パーミッション制御の流れ

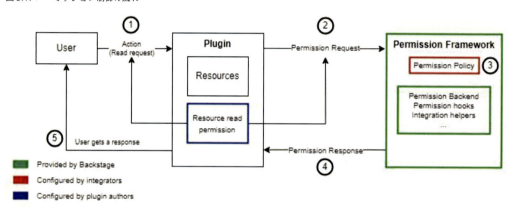

パーミッションが有効になっている状態でユーザーが何らかのアクションを実行しようとすると、アクションを実行するためのリクエストがトリガーされます。プラグインにより、事前に定義されたパーミッションに基づいて、リクエストとアクションの実行に必要な認可のマッピングが行われます。プラグインのバックエンドはマッピングされた認可情報をパーミッションフレームワークに送信し、パーミッションポリシーによる認可の判定を行います。認可の結果はプラグインのバックエンドに返却され、その後ユーザーへ応答されます。たとえばユーザーがカタログを削除しようとすると、プラグインによりユーザーのカタログ削除というリクエストと catalogEntityDeletePermission というパーミッションがマッピングされ、パーミッションフレームワークにて catalogEntityDeletePermission の定義に基づいた認可が行われます。

パーミッションポリシー（以下ポリシー）はコードとして表現され、Backstageユーザーとパー

---

[1]. 出典元: https://backstage.io/docs/permissions/overview

ミッションを受け取り、アクションの許可/拒否の決定を返す関数として定義されます。ポリシーはBackstage利用者で設定し、プラグインはそのポリシーにしたがった判定を行います。

ポリシーは原則として、**対象リソース × ユーザー × 権限**の3つの要素で構成されます。対象リソースはcatalog、scaffolderなど、原則としてBackstageプラグイン単位で、ユーザーはサインインユーザーの属性です。権限はリソース側で定義されている権限（`catalog.entity.delete`など）を利用します。

Backstageにおけるパーミッションについて概要をおさえたところで、実際にパーミッションを設定してみましょう。本章は、3章のユーザー認証の設定が完了していることを前提として解説します。

9.2　バックエンドへのポリシーの設定

ポリシーは非同期関数で、ユーザーとリソースに対して特定のアクションを許可するリクエストを受け取り、そのアクションを許可するかどうかの決定を返します。アクション可否の決定は、ポリシーに定義されたルールに基づいて行われます。バックエンドの処理としてポリシーを定義し、いくつかルールを設定してその挙動の違いを確かめます。

ポリシー設定の前提条件

ポリシーを設定する前に、いくつかの前提条件を確認しておきましょう。

Backstageのアップグレード

パーミッションフレームワークはBackstageの中で比較的新しい機能であり、現在も急速に進化しています。最新のパーミッション関連機能を利用するために、Backstageのバージョンを最新にアップグレードすることが重要です。

サービス間認証の有効化

サービス間認証（Service-to-Service認証）[2]を有効にすると、Backstageのバックエンドは、指定されたリクエストが正当なBackstageプラグインや他の外部呼び出し元から発信されたものであることを確認できます。確認は、共有シークレットで署名されたservice-to-serviceトークンの要求により行われます。サービス間認証の有効化により、パーミッション判定されるべきでない不当なリクエストを防ぐことができます。

Bacsktage v1.24から、バックエンドの通信はデフォルトで認証されるようになりました。サービス間認証を利用する場合、`app-config.yaml`ファイルにシークレットを追加する必要があります。なお、ローカル開発環境では、開発容易性を担保するためにキーが自動生成されます。

Backstageのサービス間トークンは現在、常にひとつのシークレットで署名されています。このシークレットは、通信したいすべてのバックエンドプラグインとサービスで共有する必要がありま

---

2. https://backstage.io/docs/auth/service-to-service-auth/

す。シークレットは、base64でエンコードされたものであれば何でもかまいません。たとえば、以下のようなコマンドでシークレットを生成できます。

```
node -p 'require("crypto").randomBytes(24).toString("base64")'
```

生成したシークレットをapp-config.yamlに追記します。

リスト9.1: app-config.yamlに秘密鍵を追記
```
backend:
  # Used for enabling authentication, secret is shared by all backend plugins
  # See https://backstage.io/docs/auth/service-to-service-auth for
  # information on the format
  auth:
    externalAccess:
      - type: legacy
        options:
          secret: ${BACKEND_SECRET}
          subject: backstage-example
```

ユーザー認証の設定

Backstageのパーミッションは、サインインユーザーの属性に大きく依存しています。サインインユーザーの属性に依存することで、ユーザーごとに設定を行うのではなく、グループを利用したポリシーの設定が可能になります。本書では、3章のユーザー認証の設定で設定した内容が該当します。

ポリシーの追加

前提条件の追加が完了したら、次はポリシーを追加します。

バックエンド（/packages/backend/src/index.ts）には、すでにパーミッションプラグインが組み込まれています。デフォルトでは、@backstage/plugin-permission-backend-module-allow-all-policyでallow-allポリシーが設定されています。

リスト9.2: バックエンドのパーミッションプラグイン
```
// permission plugin
backend.add(import('@backstage/plugin-permission-backend/alpha'));
backend.add(
  import('@backstage/plugin-permission-backend-module-allow-all-policy'),
);
```

パーミッションプラグインは組み込まれていますが、パーミッションそのものはデフォルトで有効化されていません。有効化するには、app-config.yamlに以下の設定を追加します。

リスト9.3: パーミッションの有効化

```
permission:
  enabled: true
```

バックエンドのパーミッションプラグインでallow-allの代わりに独自のポリシーを追加するには、@backstage/plugin-permission-backend-module-allow-all-policyの部分を変更します。

カタログエンティティーの削除禁止ポリシー

ここでは、試しにカタログエンティティーの削除を禁止するポリシーを追加します。まず、設定をする前の状態を確認します。Backstageを起動し、任意のカタログを開きエンティティーの削除を試みると、削除が可能であることが確認できます。

図9.2: エンティティーの削除画面

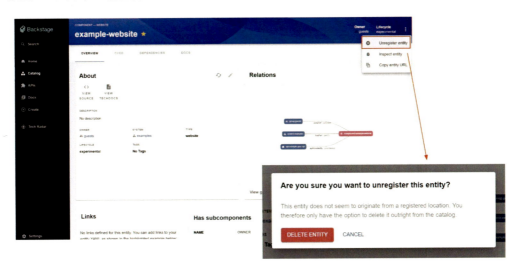

デフォルトの状態でカタログのエンティティーが削除可能であることを確認したら、カタログエンティティーの削除を禁止する独自ポリシーを/packages/backend/src/index.tsに追加してみましょう。独自ポリシーの追加とともに、@backstage/plugin-permission-backend-module-allow-all-policyの部分を独自ポリシーを読み込むようbackend.add(customPermissionBackendModule)に変更します。

リスト9.4: カタログエンティティーの削除を禁止するポリシーの追加

```
// 新規に追記
// ここから
import { createBackendModule } from '@backstage/backend-plugin-api';
```

第9章　Backstage Permission

```typescript
import { BackstageIdentityResponse } from '@backstage/plugin-auth-node';
import {
  PolicyDecision,
  AuthorizeResult,
} from '@backstage/plugin-permission-common';
import {
  PermissionPolicy,
  PolicyQuery,
} from '@backstage/plugin-permission-node';
import { policyExtensionPoint } from '@backstage/plugin-permission-node/alpha';

class CustomPermissionPolicy implements PermissionPolicy {
  async handle(
    request: PolicyQuery,
    user?: BackstageIdentityResponse,
  ): Promise<PolicyDecision> {
    if (request.permission.name === 'catalog.entity.delete') {
      return {
        result: AuthorizeResult.DENY,
      };
    }
    return {
      result: AuthorizeResult.ALLOW,
    };
  }
}

const customPermissionBackendModule = createBackendModule({
  pluginId: 'permission',
  moduleId: 'custom-policy',
  register(reg) {
    reg.registerInit({
      deps: { policy: policyExtensionPoint },
      async init({ policy }) {
        policy.setPolicy(new CustomPermissionPolicy());
      },
    });
  },
});
// ここまで
```

```
import { createBackend } from '@backstage/backend-defaults';
const backend = createBackend();
// ...

// permission plugin
backend.add(import('@backstage/plugin-permission-backend/alpha'));
// import('@backstage/plugin-permission-backend-module-allow-all-policy')を以下に置
き換え
backend.add(customPermissionBackendModule);

// ...
```

　コードの中身を簡単に解説します。PermissionPolicy型のリクエストオブジェクトは、Permissionオブジェクトのシンプルなラッパーとして機能します。CustomPermissionPolicyクラスはPermissionPolicyインターフェイスを実装しており、特定のポリシークエリ（request）とユーザー情報（user）に基づいて権限を決定します。

　handleメソッドは、ポリシークエリとユーザー情報を引数に取り、ルールごとの動作をPolicyDecision型のPromiseとして返却します。上記のコードでは、実施しようとしているアクションがカタログエンティティーの削除であるかを判別しています。handleメソッド内でポリシークエリのrequest.permission.nameがcatalog.entity.deleteである場合、AuthorizeResult.DENY（拒否）を返却します。それ以外の場合は、AuthorizeResult.ALLOW（許可）を返却します。このことから、ユーザーはカタログエンティティーの削除を除くすべてのアクションを許可されることがわかります。

　createBackendModule関数では、カスタムの権限ポリシーを含むバックエンドモジュールを作成します。register関数を用いて、初期化プロセス中にカスタムポリシーを設定するための処理を定義しており、アプリケーションの起動時にCustomPermissionPolicyが適用されるようになります。

　上記ポリシーを定義した後の画面を確認してみましょう。任意のカタログを開きエンティティーの削除を試みると、削除ボタンがグレーアウトされており、カタログエンティティーの削除ができなくなっていることが確認できます。

図9.3: エンティティーの削除不可画面

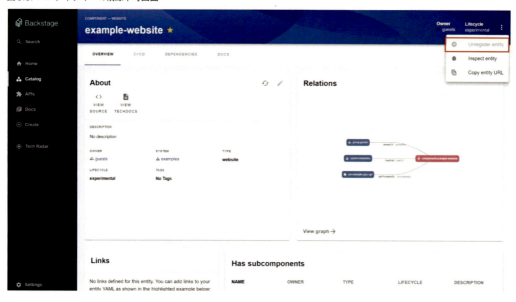

所有するカタログエンティティーのみ削除可能なポリシー

上記で追加したポリシーでは、`CustomPermissionPolicy`クラスでユーザー情報を使用していません。つまり、すべてのユーザーがカタログエンティティーの削除を禁止されています。ユーザーの属性によって異なるパーミッションを設定するには、`handle`メソッド内でユーザー情報を使用して許可・禁止を判別する処理を追加する必要があります。

コンポーネントのオーナーのみがカタログエンティティーを削除できるよう、ポリシーを修正してみましょう。`import`文と`CustomPermissionPolicy`クラスを以下のように修正してください。

リスト9.5: オーナーのみがエンティティーを削除できるポリシー

```
import { createBackendModule } from '@backstage/backend-plugin-api';
import { BackstageIdentityResponse } from '@backstage/plugin-auth-node';
import {
  PolicyDecision,
  AuthorizeResult,
  isPermission,
} from '@backstage/plugin-permission-common';
import {
  PermissionPolicy,
  PolicyQuery,
} from '@backstage/plugin-permission-node';
import { policyExtensionPoint } from '@backstage/plugin-permission-node/alpha';
import { catalogEntityDeletePermission } from '@backstage/plugin-catalog-common/alpha';
```

```
import {
  catalogConditions,
  createCatalogConditionalDecision,
} from '@backstage/plugin-catalog-backend/alpha';

class CustomPermissionPolicy implements PermissionPolicy {
  async handle(
    request: PolicyQuery,
    user?: BackstageIdentityResponse,
  ): Promise<PolicyDecision> {
    if (isPermission(request.permission, catalogEntityDeletePermission)) {
      return createCatalogConditionalDecision(
        request.permission,
        catalogConditions.isEntityOwner({
          claims: user?.identity.ownershipEntityRefs ?? [],
        }),
      );
    }

    return {
      result: AuthorizeResult.ALLOW,
    };
  }
}
```

修正したコードについても、簡単に解説します。hundleメソッド内でisPermissionを使用してrequest.permissionが特定のタイプ（今回はcatalogEntityDeletePermission）に一致するかをチェックしています。これは型のnarrowingを行うもので、リクエストされたパーミッションがResourcePermission<'catalog-entity'>であることを確認します。

isPermissionがtrueの場合、createCatalogConditionalDecisionを呼び出します。createCatalogConditionalDecisionは条件付きのポリシー決定を生成するファクトリーメソッドで、ユーザーがエンティティーオーナーであるかを判断するための条件をカプセル化します。catalogConditions.isEntityOwnerは、ユーザーが指定されたエンティティーの所有者かどうかを判断するルールです。このルールはユーザーの所属エンティティーを参照（ownershipEntityRefsを使用）します。ユーザー情報がない場合は、空の配列が用いられます。ポリシーの条件に合致しない（カタログエンティティーの削除処理でない）場合は、デフォルトでAuthorizeResult.ALLOW（許可）を返却します。

上記のコードを追加した後の画面を確認してみましょう。ここでは、owner: backstage-book-org/bookauthorのsample-catalogとowner: guestsのguest-catalogというふたつのコンポーネントを用意します。まず、以下ふたつのcatalog-info.yamlを用意し、

Backstageに取り込みます。

リスト9.6: ふたつのカタログエンティティーのYAML-1
```yaml
apiVersion: backstage.io/v1alpha1
kind: Component
metadata:
  name: sample-catalog
  description: An example of a bookauthor catalog.
  annotations:
    backstage.io/techdocs-ref: dir:.
spec:
  type: service
  lifecycle: experimental
  owner: backstage-book-org/bookauthor
```

リスト9.7: ふたつのカタログエンティティーのYAML-2
```yaml
apiVersion: backstage.io/v1alpha1
kind: Component
metadata:
  name: guest-catalog
  description: An example of guest catalog.
  annotations:
    backstage.io/techdocs-ref: dir:.
spec:
  type: website
  lifecycle: experimental
  owner: guests
```

Backstageへの取り込みは、Createの右上REGISTER EXISTING COMPONENTから行います。内部的には、`/catalog-import`にアクセスしています。

図9.4: コンポーネントの登録

登録が完了したら、カタログエンティティーの削除を試してみましょう。自身がbackstage-book-org/bookauthorに属しているとき、sample-catalogは削除可能なものの、ownerが異なるguest-catalogは削除できないことが確認できます。登録したコンポーネントが表示されない場合は、フィルターで表示が絞られていないかを確認してください。

図9.5: オーナーによるコンポーネントの削除可否

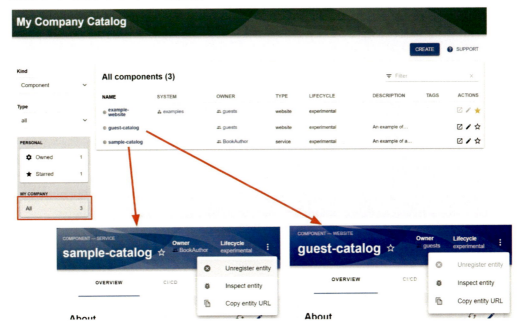

所有していないカタログエンティティーへの各種操作禁止ポリシー

ポリシーを編集し、自身の所有しているコンポーネントのみを削除できるようにしましたが、そもそも所有しているコンポーネント以外表示させたくない、というケースもあるでしょう。Backstageでは、リソースタイプごとにパーミッションを設定することも可能です。import文と`CustomPermissionPolicy`クラスを以下のように修正してください。

リスト9.8: オーナーのみがエンティティーの各種権限をもつポリシー

```
import { createBackendModule } from '@backstage/backend-plugin-api';
import { BackstageIdentityResponse } from '@backstage/plugin-auth-node';
import {
  PolicyDecision,
  AuthorizeResult,
  isResourcePermission,
} from '@backstage/plugin-permission-common';
import {
  PermissionPolicy,
```

第9章 Backstage Permission | 177

```
    PolicyQuery,
} from '@backstage/plugin-permission-node';
import { policyExtensionPoint } from '@backstage/plugin-permission-node/alpha';
import {
  catalogConditions,
  createCatalogConditionalDecision,
} from '@backstage/plugin-catalog-backend/alpha';

class CustomPermissionPolicy implements PermissionPolicy {
  async handle(
    request: PolicyQuery,
    user?: BackstageIdentityResponse,
  ): Promise<PolicyDecision> {
    if (isResourcePermission(request.permission, 'catalog-entity')) {
      return createCatalogConditionalDecision(
        request.permission,
        catalogConditions.isEntityOwner({
          claims: user?.identity.ownershipEntityRefs ?? [],
        }),
      );
    }

    return {
      result: AuthorizeResult.ALLOW,
    };
  }
}
```

　上記の修正では、isResourcePermissionを使用してrequest.permissionがcatalog-entityに関連するリソースパーミッションかどうかを確認しています。条件に一致した場合、createCatalogConditionalDecisionを呼び出します。catalogConditions.isEntityOwner条件が適用され、ownershipEntityRefsを使用して、ユーザーがエンティティーのオーナーかどうかに基づいてアクセスを許可または拒否します。リクエストされたパーミッションがcatalog-entityに関連しない場合、デフォルトでAuthorizeResult.ALLOW（許可）を返却します。

　上記のコードを適用したのちの画面を確認してみると、自身がオーナーのカタログエンティティーのみが表示されることが確認できます。

テンプレートへのポリシー追加

　テンプレートを利用しコンポーネントを登録する際において、見せる項目を制限するなどのポリシーを追加したいケースがあるでしょう。たとえば特定のユーザー（管理者）のみ入力できるよう

な項目など、管理項目は一般ユーザーには見せないといったことが考えられます。これらも、ポリシーを追加することで実現できます。

今回はカタログでのポリシー追加とは趣を変え、プラグインを利用し、ポリシーを追加する方法を見ていきます。では、まずプラグインを追加します。`yarn new`コマンドで実行されるウィザードで`backend-module`を指定します。

```
$ yarn new
yarn run v1.22.22
$ backstage-cli new --scope internal
? What do you want to create? (Use arrow keys)
> backend-module - A new backend module that extends an existing backend plugin
with additional features
  backend-plugin - A new backend plugin
  plugin - A new frontend plugin
  node-library - A new node-library package, exporting shared functionality for
backend plugins and modules
  plugin-common - A new isomorphic common plugin package
  plugin-node - A new Node.js library plugin package
  plugin-react - A new web library plugin package
(Move up and down to reveal more choices)
```

次に、plugin idとmodule idを入力する必要があります。

```
? What do you want to create? backend-module - A new backend module that
extends an existing backend plugin with additional features
? Enter the ID of the plugin [required] permission
? Enter the ID of the module [required] new-template-policy
```

注意が必要なのは、plugin idとmodule idの組み合わせが重複してはいけないということです。同じplugin idとmodule idの組み合わせが重複すると、Backstageでエラーが発生しバックエンドが起動しません。今回は上記のように設定します。

コマンドの実行が終わると、plugins配下に以下のようなディレクトリ構成が作成されます。

```
permission-backend-module-new-template-policy
├── README.md
├── node_modules
├── package.json
└── src
    ├── index.ts
    └── module.ts
```

また、backendの`package.json`を見てみましょう。

第9章 Backstage Permission | 179

リスト9.9: package.json

```
    "app": "link:../app",
    "backstage-plugin-permission-backend-module-new-template-policy": "^0.1.0",←
追加
    "better-sqlite3": "^9.0.0",
```

"backstage-plugin-permission-backend-module-new-template-policy"が自動的に追加されていることがわかります。

では、早速モジュールの構築を始めます。先ほど自動生成されたmodule.tsを編集し、以下のように書き換えましょう。

リスト9.10: module.ts

```
import { createBackendModule } from '@backstage/backend-plugin-api';
import {
  PolicyDecision,
  AuthorizeResult,
  isPermission,
} from '@backstage/plugin-permission-common';
import {
  PermissionPolicy,
  PolicyQuery,
  PolicyQueryUser,
} from '@backstage/plugin-permission-node';
import {
  templateParameterReadPermission,
  templateStepReadPermission,
} from '@backstage/plugin-scaffolder-common/alpha';
import {
  createScaffolderTemplateConditionalDecision,
  scaffolderTemplateConditions,
} from '@backstage/plugin-scaffolder-backend/alpha';
import { policyExtensionPoint } from '@backstage/plugin-permission-node/alpha';

class ExamplePermissionPolicy implements PermissionPolicy {
  async handle(
    request: PolicyQuery,
    user?: PolicyQueryUser,
  ): Promise<PolicyDecision> {
    if (
      isPermission(request.permission, templateParameterReadPermission) ||
      isPermission(request.permission, templateStepReadPermission)
```

```
  ) {
    if (user?.info.userEntityRef === 'user:development/guest')
      return createScaffolderTemplateConditionalDecision(request.permission, {
        not: scaffolderTemplateConditions.hasTag({ tag: 'secret' }),
      });
  }

  return {
    result: AuthorizeResult.ALLOW,
  };
  }
}

export const permissionModuleNewTemplatePolicy = createBackendModule({
  pluginId: 'permission',
  moduleId: 'new-template-policy',
  register(reg) {
    reg.registerInit({
      deps: { policy: policyExtensionPoint },
      async init({ policy }) {
        policy.setPolicy(new ExamplePermissionPolicy());
      },
    });
  },
});
```

　isPermissionを使用して、request.permissionがtemplateParameterReadPermissionもしくはtemplateStepReadPermissionに関連するか判定しています。関連していると判断した場合、user?.info.userEntityRefでユーザーが誰かを判断しています。ここではもしユーザーがuser:development/guestというユーザー（ゲストユーザー）だった場合、not: scaffolderTemplateConditions.hasTag({ tag: 'secret' })として、タグの値がsecretである項目の表示が許可されないと設定しています。

　次に、使用するテンプレートを作成しましょう。

リスト9.11: template.yaml

```
apiVersion: scaffolder.backstage.io/v1beta3
kind: Template
metadata:
  name: my_custom_template
spec:
  type: service
```

```yaml
parameters:
  - title: Provide some simple information
    properties:
      title:
        title: Title
        type: string
  - title: Extra information
    properties:
      description:
        title: Description
        type: string
    backstage:permissions:
      tags:
        - secret
steps:
  - id: step1
    name: First log
    action: debug:log
    input:
      message: hello
  - id: step2
    name: Log message
    action: debug:log
    input:
      message: not-this!
    backstage:permissions:
      tags:
        - secret
```

　ここでは、テンプレートの説明をします。パラメーターとして、Extra informationの中にtags: - secretが定義されています。また、stepsの中ではstep2にtags: - secretが定義されています。つまり、ゲストユーザーではExtra informationおよびstep2が表示されないことを意味します。

　では、まずポリシーを追加していない状態でのこのテンプレートの動きを確認します。以下のように、新規で追加したモジュールをいったんグレーアウトしてください。

リスト9.12: デフォルトのパーミッションポリシー

```
backend.add(import('@backstage/plugin-search-backend-module-techdocs/alpha'));
// backend.add(import('backstage-plugin-permission-backend-module-new-template-
policy'));
backend.start();
```

図9.6: デフォルトのパーミッションの場合

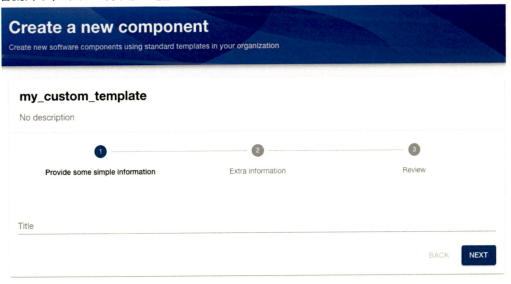

確認画面では、以下のようになっています。

図9.7: デフォルトのパーミッションのサマリ画面

第9章 Backstage Permission | 183

では、新しいポリシーを追加したときの動きを見ていきます。元々ある import('@backstage/plugin-permission-backend-module-allow-all-policy'),をコメントアウトします。

リスト9.13: パーミッションモジュールインポート

```
// permission plugin
backend.add(import('@backstage/plugin-permission-backend/alpha'));
// backend.add(
//   import('@backstage/plugin-permission-backend-module-allow-all-policy'),
// );
backend.add(import('backstage-plugin-permission-backend-module-new-template-policy'));
```

そもそもステップがひとつなくなっていることがわかります。

図9.8: ステップがないことがわかる

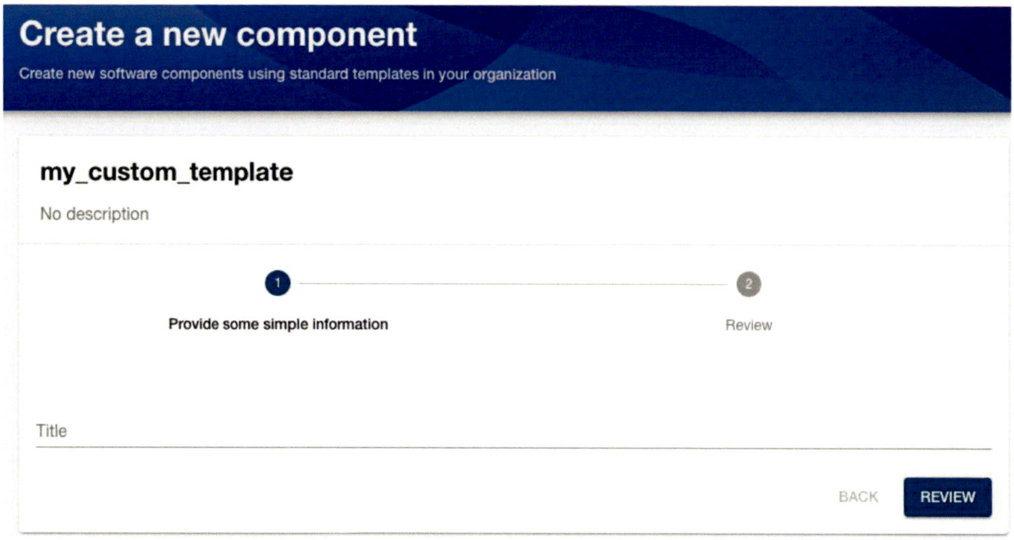

No descriptionとなっていることがわかりますね。

図9.9: descriptionがないことがわかる

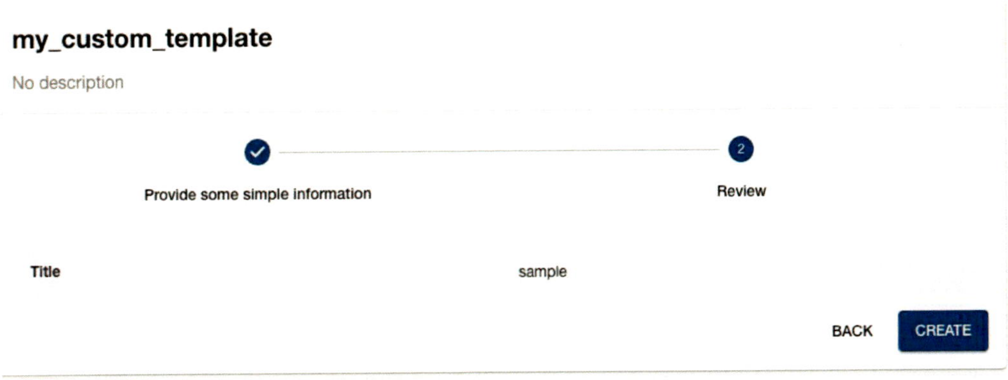

このように、ゲストユーザーだとステップやパラメーターが制限されていることが確認できます。では、別のユーザーでログインしてみます。

図9.10: guest以外のユーザー

別のユーザーでは、ステップが表示されています。

図9.11: guest以外のユーザーのテンプレート

パラメーターも表示されていることがわかります。

図 9.12: guest 以外のユーザーのテンプレート

9.3 フロントエンドでのポリシーの利用

バックエンドでパーミッションを設定することによりユーザーのアクションを制限できますが、そもそも権限によって表示するフロントエンドの要素を制御したいケースもあるでしょう。

デフォルトでフロントエンドには、カタログエンティティーの作成権限がない場合は、カタログをインポートする/catalog-importページへのリンクを表示させないという権限制御が設定されています。権限制御は/packaged/app/src/components/App.tsxに記述されています。

リスト 9.14: フロントエンドでの権限制御

```
import { RequirePermission } from '@backstage/plugin-permission-react';
import { catalogEntityCreatePermission } from '@backstage/plugin-catalog-common';

const routes = (
  <FlatRoutes>
    {/* ... */}
    <Route
      path="/catalog-import"
      element={
        <RequirePermission permission={catalogEntityCreatePermission}>
          <CatalogImportPage />
        </RequirePermission>
      }
    />
    {/* ... */}
  </FlatRoutes>
);
```

RequirePermissionは、子コンポーネントへのアクセスを特定のパーミッションに基づいて制限するコンポーネントです。catalogEntityCreatePermissionは、カタログエンティティーを作成するためのパーミッションを定義しています。ユーザーがcatalogEntityCreatePermissionのパー

ミッションを許可されている場合にのみ<CatalogImportPage />コンポーネントがレンダリングされ、カタログエンティティーのインポートページにアクセスできるようになります。パーミッションがない場合はアクセスが拒否され、ユーザーはこのページを見ることができません。

「カタログエンティティーの削除禁止ポリシー」で定義したポリシーを以下のように修正し、カタログエンティティーの作成を禁止してみます。

リスト9.15: カタログエンティティーの作成禁止

```
class CustomPermissionPolicy implements PermissionPolicy {
  async handle(
    request: PolicyQuery,
    user?: BackstageIdentityResponse,
  ): Promise<PolicyDecision> {
    if (request.permission.name === 'catalog.entity.create') {
      return {
        result: AuthorizeResult.DENY,
      };
    }
    return {
      result: AuthorizeResult.ALLOW,
    };
  }
}
```

この状態でCreateにアクセスすると、右上のREGISTER EXISTING COMPONENTが非表示になっていることが確認できます。また、直接/catalog-importにアクセスしても、アクセスが拒否されることが確認できます。

図9.13: カタログエンティティーの作成権限がない場合の画面

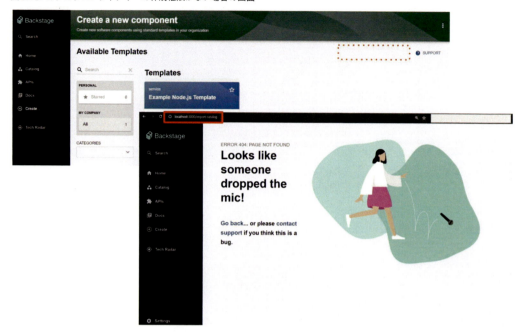

9.4　さまざまなパーミッションやルールの設定

　ここまで例としてcatalogEntityDeletePermissionといったパーミッションや、isEntityOwnerといったルールを使用してポリシーを設定しました。他にもパーミッションやルールは、さまざまなものが用意されています。いくつか例を挙げてみましょう。

　カタログに関するパーミッションは、@backstage/plugin-catalog-commonの/src/permission.ts[3]に定義されています。カタログエンティティーの読み取り、作成、削除、更新、リフレッシュ、Locationの読み取り、作成、削除などのパーミッションが用意されています。ポリシーの指定に利用できるリソースタイプが、RESOURCE_TYPE_CATALOG_ENTITY = 'catalog-entity'として定義されているのも確認できます。

- catalog.entity.read: catalogEntityReadPermission
- catalog.entity.create: catalogEntityCreatePermission
- catalog.entity.delete: catalogEntityDeletePermission
- catalog.entity.refresh: catalogEntityRefreshPermission
- catalog.location.read: catalogLocationReadPermission
- catalog.location.create: catalogLocationCreatePermission
- catalog.location.delete: catalogLocationDeletePermission

　カタログで利用できるルールは、@backstage/plugin-catalog-backendの

3.https://github.com/backstage/backstage/blob/master/plugins/catalog-common/src/permissions.ts

/src/premissions/rules/index.ts[4]でexportされています。isEntityOwner以外にも、hasMetadataなどのルールが用意されています。

　カタログ以外にも、たとえばテンプレート関連であれば@backstage/plugin-scaffolder-commonの/src/permission.ts[5]にパーミッションやリソースタイプが定義されています。ルールは@backstage/plugin-scaffolder-backendの/src/service/rules.ts[6]に定義されています。

　このように、使用したいプラグインごとにソースコードから利用できるパーミッションやルールを確認できます。また、プラグインが提供するルール以外に、カスタムルールを定義することも可能です。詳しくは公式ドキュメントのDefining custom permission rules[7]や、各種プラグインの実装を参考にしてください。

9.5　まとめ

　本章では、Backstageにおけるパーミッションの概要とその設定方法について解説しました。例としては、ポリシーひとつに対しひとつのパーミッションルールを設定しましたが、ifやswitchを重ねて定義することで複数のパーミッションルールを設定できます。利用する各プラグインで提供されるパーミッションやルールを確認し、必要とするパーミッションを設定してみてください。

　とはいえ、パーミッションをコーディングで設定することは、決して簡単な作業ではありません。権限関連ではrbac-backend-plugin（RBAC backend plugin for Backstage）[8]やbackstage-opa-plugins（OPA Plugins Repository for Backstage）[9]というOSSプラグインや、Spotify社から@spotify/backstage-plugin-rbac（Role-Based Access Control (RBAC)）という有償プラグイン[10]などが開発されています。これらプラグインによって、より簡便にパーミッションの設定が可能になるかもしれません。あわせて開発動向をチェックしたり、利用を検討してみてください。

---

4. https://github.com/backstage/backstage/blob/master/plugins/catalog-backend/src/permissions/rules/index.ts
5. https://github.com/backstage/backstage/blob/master/plugins/scaffolder-common/src/permissions.ts
6. https://github.com/backstage/backstage/blob/master/plugins/scaffolder-backend/src/service/rules.ts
7. https://backstage.io/docs/permissions/custom-rules
8. https://github.com/janus-idp/backstage-plugins/tree/main/plugins/rbac-backend
9. https://github.com/Parsifal-M/backstage-opa-plugins
10. https://backstage.spotify.com/marketplace/spotify/plugin/rbac/

第10章　Kubernetes上でのBackstage運用

　ここまで、Backstageの機能にフォーカスして解説してきました。本章ではBackstageを本番環境で運用することを想定し、Kubernetes上でBackstageを稼働させる方法を解説します。Kubernetes環境を可視化するKubernetesプラグインについては、次章で解説します。

10.1　環境構築

　本章で構築する環境は、以下の通りです。Kubernetes環境としてK3sを利用し、Container RegistryとしてGitHub PackagesのContainer Registry（以降GitHub Container Registry）[1]を使用します。ベンダー依存を少なくするため、クラウド固有のサービスは使用せず、PostgreSQLはK3s内にデプロイします。また、秘密情報もK3s上にHashiCorp Vault Operatorを導入して管理します。

　KubernetesクラスターとしてK3sを利用していますが、ほかのKubernetes環境でもBackstageのデプロイは可能です。Kubernetes環境の可視化部分では、Service Accountを用いた認証を行います。別の環境で実施する場合は、適宜ドキュメントを参照のうえ読み替えてください。なお、Azure Kubernetes Service（AKS）を使用した例については、Appendixにて解説します。

図10.1: 構築する Kubernetes 環境

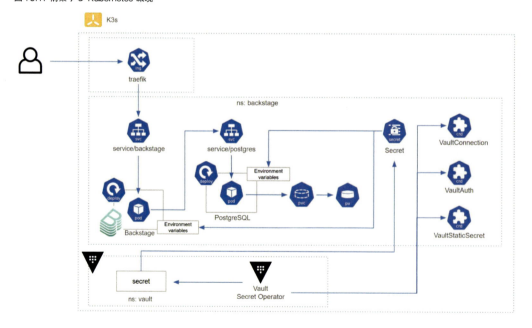

[1] https://docs.github.com/en/packages/working-with-a-github-packages-registry/working-with-the-container-registry

本章は、第3章のGitHubインテグレーションの設定を実施済みであることを前提として解説します。環境構築にkubectl[2]、Helm[3]を使用します。それぞれ未インストールの場合は、公式ドキュメントにしたがってインストールしてください。

10.2　K3sの作成

Backstageを稼働させるKubernetesクラスターを作成します。K3sはUbuntu VM（24.04、4vcpu数、16GBメモリー）上に構築します。

K3sの公式サイト[4]に沿ってインストールします。デフォルトでは、K3sのkubeconfigファイルはroot所有になっているため、ユーザー権限で操作するためにhomeディレクトリーにコピーしたうえで所有権を変更しています。

```
curl -sfL https://get.k3s.io | sh -

mkdir ~/.kube
sudo cp /etc/rancher/k3s/k3s.yaml ~/.kube/config
chown <user>:<group> ~/.kube/config
export KUBECONFIG=~/.kube/config
```

nodeの稼働状態を確認し、K3sの作成を確認します。

```
kubectl get node
```

Backstageを稼働させるためのNamespaceを作成します。ここでは、backstageという名前のNamespaceを作成します。

```
kubectl create namespace backstage
```

10.3　HashiCorp Vault Operatorの導入

第3章ではapp-config.local.yamlに秘密情報を直接記述していましたが、本番環境では秘密情報を安全に管理する必要があります。本書では、HashiCorp Vaultを利用してKubernetes上のSecretを管理します。

Vaultのインストールには、Helmを利用します。

2.https://kubernetes.io/ja/docs/tasks/tools/install-kubectl/
3.https://helm.sh/docs/intro/install/
4.https://k3s.io/

```
helm repo add hashicorp https://helm.releases.hashicorp.com
helm repo update
helm search repo hashicorp/vault
helm install vault hashicorp/vault -n vault --create-namespace --set
"csi.enabled=true"
```

インストール後、Vaultの起動状態を確認します。

```
kubectl get po -n vault

NAME                          READY   STATUS              RESTARTS   AGE
vault-0                       0/1     ContainerCreating   0          60s
vault-agent-injector-xxx      1/1     Running             0          60s
vault-csi-provider-l4rs5      2/2     Running             0          60s
```

　Vaultのインストールを確認したら、Vaultを初期化します。以下のコマンドで払い出されるUnseal KeyとRoot Tokenは、Vault自体の秘密情報に当たるため、厳重に管理してください。

```
kubectl exec -it vault-0 -n vault -- vault operator init
```

　Vaultを初期化したらUnsealを行い、Vaultのデータへのアクセスを可能にします。以下のコマンドを3回繰り返し、3回目の出力でSealed: falseであることを確認してください。各コマンドで入力するUnseal Keyは、未使用のものを使用してください。

```
kubectl exec -it vault-0 -n vault -- vault operator unseal
Unseal Key (will be hidden): <Unseal Key>
```

　再度Vaultの起動状態を確認します。vaultの本体であるvault-0がRunningであることを確認してください。

```
kubectl get po -n vault

NAME                          READY   STATUS    RESTARTS   AGE
vault-0                       1/1     Running   0          17m
vault-agent-injector-xxx      1/1     Running   0          17m
vault-csi-provider-l4rs5      2/2     Running   0          17m
```

　KubernetesからVaultにアクセスする際の認可に使用するService Accountを作成しておきます。今回は、appという名前のService Accountを作成します。

```
kubectl create serviceaccount app -n backstage
```

　Vaultにログインし、秘密情報を格納する場所に該当するSecrets Engineを有効にします。今回は、Key/Value型のSecrets Engineをsecretという名前で有効にします。なお、ここでは説明の簡略化のためRoot Tokenを使用していますが、初期セットアップ後はRoot Tokenを無効化することが推奨されています。

```
kubectl exec --stdin=true --tty=true vault-0 -n vault -- /bin/sh

/ $ vault login
Token (will be hidden): <Root Token>
/ $ vault secrets enable -path=secret kv-v2
```

　次に、Vaultに秘密情報を登録します。ここでは、Backstageで利用するPostgreSQLの接続情報を登録します。

```
/ $ vault kv put secret/app/config \
  postgres_user="postgres" \
  postgres_password="secret"

/ $ vault kv get secret/app/config
===== Secret Path =====
secret/data/app/config

======= Metadata =======
Key                Value
---                -----
created_time       2024-04-06T19:31:25.411399203Z
custom_metadata    <nil>
deletion_time      n/a
destroyed          false
version            1

========== Data ==========
Key                Value
---                -----
postgres_password  secret
postgres_user      postgres
```

　続いて、Kubernetesの情報をもとに、Valutの認証を可能にします。Vaultにログインしている状態で以下のコマンドを実行してください。kubernetes_hostには、構築したK3sのAPIサーバーのアドレスを指定してください。

```
/ $ vault auth enable kubernetes
/ $ vault write auth/kubernetes/config \
    kubernetes_host="https://<VMのIPアドレス>:6443"

# 登録情報の確認
/ $ vault auth list
/ $ vault read auth/kubernetes/config
```

認証の設定が完了したら、認可に必要な設定を行います。秘密情報に対する権限を定義するPolicyを作成します。

```
/ $ vault policy write app-secret - <<EOF
path "secret/data/app/config" {
    capabilities = ["read"]
}
EOF

# 作成したPolicyの確認
/ $ vault policy list
/ $ vault policy read app-secret
```

作成したPolicyとKubernetesのnamespace(e.g. backstage)とService Accountを紐づけるRuleを作成します。

```
/ $ vault write auth/kubernetes/role/app \
    bound_service_account_names=app \
    bound_service_account_namespaces=backstage,default \
    policies=app-secret \
    ttl=24h

# 作成したRoleの確認
/ $ vault list auth/kubernetes/role
/ $ vault read auth/kubernetes/role/app
```

ここからはVaultに登録した秘密情報をKubernetesから利用するために、Vault Secrets Operatorをセットアップします。

```
helm install --create-namespace --namespace vault \
    vault-secrets-operator-system hashicorp/vault-secrets-operator
```

接続先のVault情報を定義するためのVaultConnectionを作成します。以下のようなマニフェストを作成してください。

リスト10.1: app-vault-connection.yaml

```yaml
---
apiVersion: secrets.hashicorp.com/v1beta1
kind: VaultConnection
metadata:
  name: app-vault-connection
  namespace: backstage
spec:
  address: http://vault.vault.svc:8200 # Vault Endpoint
```

作成したVaultConnectionマニフェストを適用します。

```
kubectl apply -f app-vault-connection.yaml
kubectl get vaultconnection -n backstage

NAME                   AGE
app-vault-connection   19s
```

VaultConnectionの次は、Vaultの接続に用いるService AccountとVault上のRoleを指定するVaultAuthを作成します。以下のようなVaultAuthマニフェストを作成してください。

リスト10.2: app-vault-auth.yaml

```yaml
---
apiVersion: secrets.hashicorp.com/v1beta1
kind: VaultAuth
metadata:
  name: app-vault-auth
  namespace: backstage
spec:
  vaultConnectionRef: app-vault-connection
  method: kubernetes
  mount: kubernetes
  kubernetes:
    role: app # Vault上のRole
    serviceAccount: app # Vault上の秘密情報を取得するためのService Account
```

作成したVaultAuthマニフェストを適用します。

```
kubectl apply -f app-vault-auth.yaml
kubectl get vaultauth -n backstage

NAME            AGE
```

```
app-vault-auth      12s
```

VaultAuthの次は、取得したい秘密情報を指定するVaultStaticSecretを作成します。以下のようなVaultStaticSecretマニフェストを作成してください。

リスト10.3: app-vault-static-secret.yaml

```yaml
---
apiVersion: secrets.hashicorp.com/v1beta1
kind: VaultStaticSecret
metadata:
  name: app-vault-static-secret
  namespace: backstage
spec:
  vaultAuthRef: app-vault-auth
  type: kv-v2
  mount: secret
  path: app/config
  refreshAfter: 60s
  destination:
    create: true
    name: app-secret-from-vso # Kubernetes上に作成されるSecretリソース名
```

作成したVaultStaticSecretマニフェストを適用します。

```
kubectl apply -f app-vault-static-secret.yaml
kubectl get vaultstaticsecret -n backstage

NAME                      AGE
app-vault-static-secret   17s
```

VaultにSecret情報が格納されていれば、VaultStaticSecretによってKubernetes上にSecretが作成されます。

```
kubectl get secret -n backstage

NAME                   TYPE     DATA   AGE
app-secret-from-vso    Opaque   3      12s
```

kubectl get secret app-secret-from-vso -n backstage -o yamlで内容を確認すると、Vaultに格納されている秘密情報が取得できていることが確認できます。

10.4 PostgreSQL の導入

Backstage の永続的なストレージとして、PostgreSQL を利用します。ここでは、Backstage と同じ Kubernetes クラスター内に PostgreSQL をデプロイします。

PostgreSQL は、データを格納するために永続ボリュームを必要とします。以下のように、永続ボリューム用のマニフェストを作成してください。今回は Kubernetes ノード上のローカルディスクを使用して永続ボリュームを作成しますが、本番運用ではより可用性の高いストレージを使用することを推奨します。今回永続ストレージの作成先は、K3s の local-path-provisioner がデフォルトで指定しているディレクトリである /var/lib/rancher/k3s/storage を利用します。local-path-provisioner が指定しているパスは、ConfigMap に記載があります。

永続ボリューム用のマニフェストを作成します。K3s がデフォルトで内蔵している local-path-provisioner は、PersistentVolumeClaim 使用時に自動的に PersistentVolume を作成するため、PersistentVolume のマニフェストは不要です[5]。

リスト 10.4: postgres-storage.yaml

```yaml
---
apiVersion: v1
kind: PersistentVolumeClaim
metadata:
  name: backstage-postgres-storage-claim
  namespace: backstage
spec:
  storageClassName: local-path
  accessModes:
    - ReadWriteOnce
  resources:
    requests:
      storage: 2G
```

作成した永続ボリューム用のマニフェストを適用します。

```
kubectl apply -f postgres-storage.yaml

# 作成した永続ボリュームの確認
kubectl get pvc -n backstage
```

永続ボリュームを作成後、PostgreSQL をデプロイするためのマニフェストを作成します。

---

[5] https://docs.k3s.io/storage#setting-up-the-local-storage-provider

リスト 10.5: postgres.yaml

```yaml
---
apiVersion: apps/v1
kind: Deployment
metadata:
  name: postgres
  namespace: backstage
spec:
  replicas: 1
  selector:
    matchLabels:
      app: postgres
  template:
    metadata:
      labels:
        app: postgres
    spec:
      containers:
        - name: postgres
          image: postgres:13.2-alpine
          imagePullPolicy: "IfNotPresent"
          ports:
            - containerPort: 5432
          env:
            - name: POSTGRES_USER
              valueFrom:
                secretKeyRef:
                  name: app-secret-from-vso
                  key: postgres_user
            - name: POSTGRES_PASSWORD
              valueFrom:
                secretKeyRef:
                  name: app-secret-from-vso
                  key: postgres_password
          volumeMounts:
            - mountPath: /var/lib/postgresql/data
              name: postgresdb
              subPath: data
      volumes:
        - name: postgresdb
          persistentVolumeClaim:
```

```
              claimName: backstage-postgres-storage-claim
```

作成したPostgreSQLマニフェストを適用します。

```
kubectl apply -f postgres.yaml
```

作成したPostgreSQLが正常に起動していることを確認します。

```
kubectl get po -n backstage
kubectl exec -it -n backstage <PostgreSQL pod name> -- /bin/bash
bash-5.1# psql -U postgres
psql (13.2)
Type "help" for help.

postgres=# \q
bash-5.1# exit
exit
```

PostgreSQLが正常に起動していることを確認したら、BackstageとPostgreSQLを接続するためのServiceを作成します。

リスト10.6: postgres-service.yaml

```
---
apiVersion: v1
kind: Service
metadata:
  name: postgres
  namespace: backstage
spec:
  selector:
    app: postgres
  ports:
    - port: 5432
```

作成したPostgreSQL Serviceマニフェストを適用します。

```
kubectl apply -f postgres-service.yaml

# Service の確認
kubectl get svc -n backstage
```

10.5 Backstageのデプロイ

いよいよBackstageをデプロイします。まず、Bakcstageの`app-config.yaml`を更新します。

`baseUrl`は、BackstageにアクセスするためのURLです。今回は、`backstage.example.com`にアクセスする設定としています。また、`backend.cors.origin`に指定するURLは`baseUrl`と同一である必要があります。

また、本番環境では`backend.auth.externalAccess`の指定が必要です[6]。BackstageではBackstage本体やプラグイン、外部サービス、TechDocsなどのBackstage CLIとの間でhttpプロトコルを用いた通信を行います。`backend.auth.externalAccess`はプラグインのバックエンドが、あるリクエストが正当なBackstageプラグイン（または他の外部呼び出し元）から発信されたものかどうかを判別するために使用されます。

Backstageのサービス間認証はv1.24から新しくなっており、旧バックエンドシステムで利用されていたJWT方式（legacy）に加え、外部システム用に用意された単純文字列方式（static）が追加されています。Backstage内で利用されるサービス間認証はlegacyのJWT方式であり、`backend.auth.externalAccess`には、必ずひとつlegacyを登録する必要があります。

dev環境では`backend.auth.externalAccess`を設定していない場合はキーが自動生成されますが、本番環境ではキーがないと例外がスローされ、バックエンドの起動に失敗します。キーは、base64でエンコードされた文字列であれば何でもかまいません。たとえば、以下のコマンドで生成できます。

```
node -p 'require("crypto").randomBytes(24).toString("base64")'
```

リスト10.7: app-config.yamlの更新

```yaml
// 更新
app:
  title: Scaffolded Backstage App
  baseUrl: https://backstage.example.com

  // ...

backend:
  // ...
  auth:
    externalAccess:
      - type: legacy
        options:
          secret: ${BACKEND_SECRET}
          subject: backstage-example
  baseUrl: https://backstage.example.com
```

---

[6].https://backstage.io/docs/auth/service-to-service-auth/

```yaml
listen:
  port: 7007
// ...
cors:
  origin: https://backstage.example.com
  methods: [GET, HEAD, PATCH, POST, PUT, DELETE]
// ...
database:
  client: pg
  connection:
    host: ${POSTGRES_SERVICE_HOST}
    port: ${POSTGRES_SERVICE_PORT}
    user: ${POSTGRES_USER}
    password: ${POSTGRES_PASSWORD}

auth:
  # see https://backstage.io/docs/auth/ to learn about auth providers
  environment: development
  providers:
    github:
      development:
        clientId: ${GITHUB_CLIENT_ID}
        clientSecret: ${GITHUB_CLIENT_SECRET}
        signIn:
          resolvers:
            - resolver: usernameMatchingUserEntityName

integrations:
  github:
    - host: github.com
      apps:
        - appId: ${GITHUB_APP_ID}
          clientId: ${GITHUB_CLIENT_ID}
          clientSecret: ${GITHUB_CLIENT_SECRET}
          webhookSecret: webhook-secret
          privateKey: ${GITHUB_PRIVATE_KEY}

// Backstageへのユーザー追加をGitHub Orgと同期している場合は以下を追記
catalog:
  providers:
    githubOrg:
```

```
      id: 'github-local'
      githubUrl: 'https://github.com/<org名>'
      schedule:
        frequency:
          minutes: 60
        timeout:
          minutes: 5
        initialDelay:
          seconds: 10
```

必要な秘密情報をVaultに登録します。

```
kubectl exec --stdin=true --tty=true vault-0 -n vault -- /bin/sh

# Private Key 登録用ファイルの作成
/ $ vi /tmp/github_privateKey.pem
<-----BEGIN RSA PRIVATE KEY----- から始まるGitHub Appの秘密鍵をペースト>

# 秘密情報の登録
/ $ vault kv put secret/app/config \
  postgres_user="postgres" \
  postgres_password="secret" \
  github_clientId="<GitHub Client ID>" \
  github_clientSecret="<GitHub Client Secret>" \
  github_appId="<GitHub App ID>" \
  github_appPrivateKey=@/tmp/github_privateKey.pem \
  backend_secret="<backend.auth.externalAccess.options.secret>"

/ $ vault kv get secret/app/config
```

　BackstageをKubernetes上にデプロイするため、まずDockerイメージをビルドします。Dockerイメージのビルド方法は公式ドキュメントのBuilding a Docker imageに記載があります[7]。「ホストビルド」「マルチステージビルド」、「フロントエンドとバックエンドを分離したビルド」の3つの方法が記載されていますが、本書ではホストビルドを使用します。

　ホストビルドでは、yarn installでの依存関係のインストール、yarn tscによる型定義、yarn build:backendでバックエンドパッケージをビルド、という3つのステップを踏みます。yarn build:backend --config ../../app-config.yamlで指定する設定ファイルは、後述するDockerfileに記載する設定ファイルのパスと一致させる必要があります。

---

[7].https://backstage.io/docs/deployment/docker/

```
yarn install --frozen-lockfile
yarn tsc
yarn build:backend --config ../../app-config.yaml
```

ホストビルドが完了したら、Dockerイメージをビルドします。イメージビルド時に指定するDockerfileは、packages/backend/Dockerfileです。

Backstageは複数の環境をサポートするために複数の設定ファイルを指定できます[8]。コンフィグレーションには異なる優先順位があり、以下のルールに沿って値が上書きされます。

- APP_CONFIG_形式で環境変数が指定可能であり、もっとも優先順位が高い
- --configオプションで複数ファイルを指定した場合、後に指定されたファイルが優先される
- configフラグが指定されていない場合は、app-config.yamlよりもapp-config.local.yamlの方が優先される

インストール時に作成されるDockerfileは、最終行が以下のように定義されています。

リスト10.8: 元のpackages/backend/Dockerfile最終行

```
CMD ["node", "packages/backend", "--config", "app-config.yaml", "--config", "app-config.production.yaml"]
```

今回はapp-config.production.yamlを使用しないため、以下のようにapp-config.production.yamlの部分を削除します。

リスト10.9: 修正後のpackages/backend/Dockerfile最終行

```
CMD ["node", "packages/backend", "--config", "app-config.yaml"]
```

BuildKitが有効になっていない場合は、export DOCKER_BUILDKIT=1を実行してください。Dockerfileの修正が完了したら、以下コマンドでDockerイメージをビルドします。

```
docker image build . -f packages/backend/Dockerfile \
  -t ghcr.io/<GitHubユーザー名>/backstageimage:v1
```

---

node:20ベースのDockerfileを使用する場合の注意点

Backstageのインストール時に作成されるDockerfileはnode:18-bookworm-slimがベースとなっていますが、これをnode:20ベースに変更する場合は注意が必要な点があります。
Node20系では、Software Templatesを実行するために環境変数としてNODE_OPTIONS=--no-node-snapshotの指定が必要となります。ベースのイメージをNode20系に変更する場合は、Dockerfileに以下の記述を追加指定してください。

8.https://backstage.io/docs/conf/writing/

リスト10.10: Dockerfileへの環境変数追記

```
# When using Node.js version 20 or newer, the scaffolder backend plugin
requires that it be started with the --no-node-snapshot option.
# Make sure that you have NODE_OPTIONS=--no-node-snapshot in your
environment
ENV NODE_OPTIONS --no-node-snapshot
```

ビルドしたDockerイメージをGitHub Container Registryにプッシュします。GitHub Container Registryの認証は、Personal Access Tokenを使用して行います[9]。Personal Access Tokenに必要な権限は、`write:packages`です。GitHubのトークン作成ページhttps://github.com/settings/tokens/newからPersonal Access Tokenを作成します。docker login時に求められるパスワードに発行したPersonal Access Tokenを入力してください。

```
docker login ghcr.io -u <GitHubユーザー名>
# パスワードにPersonal Access Tokenを入力
docker push ghcr.io/<GitHubユーザー名>/backstageimage:v1
```

Image Pull用にImage Pull Secretを作成します。作成時に指定するPersonal Access TokenはGitHub Container Registry認証用に作成したものを使用してもよいですが、より権限を厳密に管理したい場合は、別途読み取り権限のみを持つPersonal Access Tokenを作成して使用してください。権限としては`read:packages`を指定してください。

```
kubectl create secret docker-registry regcred -n backstage \
  --docker-server="ghcr.io" \
  --docker-username=<GitHubユーザー名> \
  --docker-password=<Personal Access Token>
```

作成したイメージを使用して、Backstageをデプロイするためのマニフェストを作成します。

リスト10.11: backstage-deployment.yaml

```
---
apiVersion: apps/v1
kind: Deployment
metadata:
  name: backstage
  namespace: backstage
spec:
```

---

[9] https://docs.github.com/en/packages/working-with-a-github-packages-registry/working-with-the-container-registry#authenticating-to-the-container-registry

```yaml
  replicas: 1
  selector:
    matchLabels:
      app: backstage
  template:
    metadata:
      labels:
        app: backstage
    spec:
      containers:
        - name: backstage
          image: ghcr.io/<GitHubユーザー名>/backstageimage:v1
          imagePullPolicy: IfNotPresent
          ports:
            - name: http
              containerPort: 7007
          env:
            - name: POSTGRES_USER
              valueFrom:
                secretKeyRef:
                  name: app-secret-from-vso
                  key: postgres_user
            - name: POSTGRES_PASSWORD
              valueFrom:
                secretKeyRef:
                  name: app-secret-from-vso
                  key: postgres_password
            - name: GITHUB_CLIENT_ID
              valueFrom:
                secretKeyRef:
                  name: app-secret-from-vso
                  key: github_clientId
            - name: GITHUB_CLIENT_SECRET
              valueFrom:
                secretKeyRef:
                  name: app-secret-from-vso
                  key: github_clientSecret
            - name: GITHUB_APP_ID
              valueFrom:
                secretKeyRef:
                  name: app-secret-from-vso
```

```
              key: github_appId
        - name: GITHUB_PRIVATE_KEY
          valueFrom:
            secretKeyRef:
              name: app-secret-from-vso
              key: github_appPrivateKey
        - name: BACKEND_SECRET
          valueFrom:
            secretKeyRef:
              name: app-secret-from-vso
              key: backend_secret
      imagePullSecrets:
        - name: regcred
```

作成したBackstageマニフェストを適用します。

```
kubectl apply -f backstage-deployment.yaml

# デプロイの確認
kubectl get all -n backstage
```

Backstageに接続するためのServiceを作成します。

リスト10.12: backstage-service.yaml

```
---
apiVersion: v1
kind: Service
metadata:
  name: backstage
  namespace: backstage
spec:
  selector:
    app: backstage
  ports:
    - name: http
      port: 80
      targetPort: http
```

作成したBackstageマニフェストを適用します。

```
kubectl apply -f backstage-service.yaml

# Service の確認
kubectl get svc -n backstage
```

ブラウザーからbackstage.example.com宛てにアクセスできるよう、Ingressを設定します。本章では、HTTPS接続用のTLS/SSL証明書に自己証明書を使用します。以下のコマンドで自己証明書を作成し、Secretとして登録してください。

```
# 自己署名証明書と秘密鍵の生成
openssl req -x509 -nodes -days 365 -newkey rsa:2048 -keyout cert.key -out cert.crt -subj "/CN=backstage.example.com/O=backstage.example.com"

# シークレットの作成
kubectl create secret tls backstage-tls --cert=cert.crt --key=cert.key -n backstage
```

証明書をSecretとして登録後、Ingressを作成します。Ingress Controllerとしては、K3sのデフォルトであるtraefikを利用します。

リスト10.13: backstage-ingress.yaml

```yaml
---
apiVersion: networking.k8s.io/v1
kind: Ingress
metadata:
  name: backstage-ingress
  namespace: backstage
spec:
  rules:
    - host: backstage.example.com
      http:
        paths:
          - path: /
            pathType: Prefix
            backend:
              service:
                name: backstage
                port:
                  number: 80
  tls:
    - hosts:
        - backstage.example.com
```

```
secretName: backstage-tls
```

Ingressマニフェストを適用します。

```
kubectl apply -f backstage-ingress.yaml

# Ingress の確認
kubectl get ingress -n backstage
```

Ingressが正常に作成された後、GitHab AppのHomepageURLとCallback URLを更新します。デプロイしたBackstageの認証プロバイダーで利用しているGitHub Appを開き、HomepageURLをhttps://backstage.example.com、Callback URLをhttps://backstage.example.com/api/auth/github/handler/frameに設定してください。

図10.2: 更新した GitHub App URL

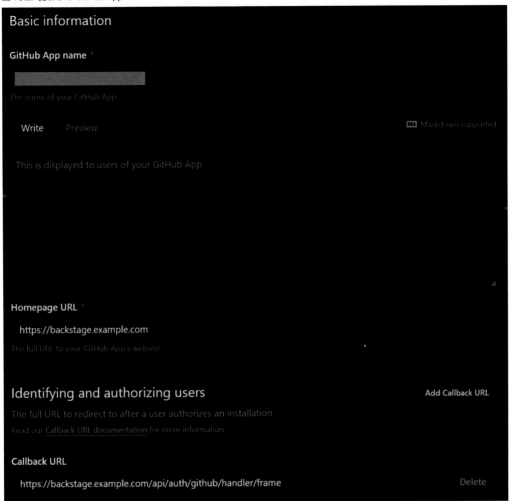

　自分の端末のホストファイルに、backstage.example.com を Ingress の ExternalIP に解決するように設定します。また、必要に応じて K3s を実行している VM の443ポートにアクセスできるようにしてください。ブラウザーから https://backstage.example.com にアクセスして、Backstage にログインできることを確認してください。

10.6　まとめ

　本章では、Kubernetes クラスター上に Backstage をデプロイする手順について解説しました。次章では Backstage に Kubernetes プラグインを導入し、Kubernetes クラスター上のリソースを可視化する方法について解説します。

第11章 Kubernetesプラグイン

　前章では、BackstageをKubernetes上で稼働させる方法を解説しました。本章では前章で構築したKubernetes環境を利用し、Backstage上でKubernetes環境を可視化するKubernetesプラグインについて解説します。

11.1 Kubernetesプラグインとは

　Backstageには、Kubernetesクラスター上のリソースの状態を可視化するプラグインが搭載されています[1]。
　Kubernetesプラグインは、自身の開発しているサービスの状態のみを確認したい開発チーム向けに特化したものです。このプラグインはカタログと統合されており、登録済みのサービスエンティティーに紐づくクラスターの情報を表示します。各Componentのタブで、Kubernetesクラスター上のリソースの状態を確認できます。
　Kubernetesプラグインは、フロントエンド用のプラグイン（@backstage/plugin-kubernetes）とバックエンド用のプラグイン（@backstage/plugin-kubernetes-backend）のふたつから構成されています。

11.2 Singleクラスター環境の可視化

　Backstage上でKubernetesの情報を確認するためには、以下のステップで設定を行う必要があります。
1. Kubernetesプラグイン（フロントエンド）の導入
2. Kubernetesプラグイン（バックエンド）の導入
3. クラスター情報の設定
4. Componentの`catalog-info.yaml`の設定

Kubernetesプラグイン（フロントエンド）の導入

　Kubernetesプラグイン（フロントエンド）の導入をします。

---

[1] https://backstage.io/docs/features/kubernetes/

リスト11.1: Kubernetesプラグイン（フロントエンド）の導入

```
# From your Backstage root directory
yarn --cwd packages/app add @backstage/plugin-kubernetes
```

パッケージをインストールした後、KubernetesタブをComponentのページに表示させるための設定を行います。各Componentで表示する内容は、packages/app/src/components/catalog/EntityPage.tsxで定義されています。各Componentのページ内容は、componentPageにて制御されています。

リスト11.2: componentPageの定義

```
const componentPage = (
  <EntitySwitch>
    <EntitySwitch.Case if={isComponentType('service')}>
      {serviceEntityPage}
    </EntitySwitch.Case>

    <EntitySwitch.Case if={isComponentType('website')}>
      {websiteEntityPage}
    </EntitySwitch.Case>

    <EntitySwitch.Case>{defaultEntityPage}</EntitySwitch.Case>
  </EntitySwitch>
);
```

このisComponentType('xxx')のxxxの部分は、Componentの定義ファイルであるcatalog-info.yaml中のspec.typeの定義文字列と対応しています。つまり初期状態では、catalog-info.yamlのspec.type: serviceの場合はserviceEntityPage、spec.type: websiteの場合はwebsiteEntityPage、それ以外の場合はdefaultEntityPageで定義された内容が表示される設定となっています。

今回は、spec.type: serviceのComponentにKubernetesの情報を表示させるため、serviceEntityPageに以下を追記します。refreshIntervalMsはリフレッシュ間隔の定義で、何も設定しない場合はデフォルト値として10秒が適用されます。

リスト11.3: serviceEntityPageの定義

```
// ...
import { EntityKubernetesContent } from '@backstage/plugin-kubernetes';

// ...
const serviceEntityPage = (
  <EntityLayout>
```

```
    {/* other tabs... */}

    <EntityLayout.Route path="/kubernetes" title="Kubernetes">
      <EntityKubernetesContent refreshIntervalMs={30000} />
    </EntityLayout.Route>
  </EntityLayout>
);
```

Kubernetesプラグイン（バックエンド）の導入

フロントエンド用のプラグインを導入後、バックエンド用のプラグインを導入します。

```
# From your Backstage root directory
yarn --cwd packages/backend add @backstage/plugin-kubernetes-backend
```

バックエンドのCatalogプラグインを更新して、プロバイダーを追加しましょう。バックエンドのプラグインは packages/backend/src/index.ts で設定されています。catalog plugin セクションに以下を追加します。

リスト11.4: Catalog プラグインの設定

```
// catalog plugin
// ...
backend.add(import('@backstage/plugin-kubernetes-backend/alpha'));
```

クラスター情報の設定

KubernetesクラスターをBackstageに認識させるため、app-config.yamlの kubernetes セクションに接続情報を記載します。設定内容については、公式ドキュメントのConfiguring Kubernetes Clusters[2]に記載があります。今回はKubernetes APIにアクセスするために、Kubernetes Service Accountを使用する設定を行います。cluster のURLには、BackstageのインスタンスがKubernetesクラスター情報を取得する際にアクセスするURL、つまりK3sが稼働しているVMのIPアドレス:6443 を指定します。

KubernetesクラスターのURLが不明な場合は、kubectlコマンドの設定ファイルである .kube/config を参照するとよいでしょう。しかし、K3sをデフォルト設定で構成した場合、.kube/configファイル内の clusters.cluster.service に定義されているアドレスがループバックアドレスとなっているため、VMの外部からアクセス可能なIPアドレスに変更する必要があります。たとえばVMのPublic IPアドレスが10.0.0.4の場合、server: https://127.0.0.1:6443 を server:

---

[2].https://backstage.io/docs/features/kubernetes/configuration/#configuring-kubernetes-clusters

https://10.0.0.4:6443 と書き換えてください。

リスト11.5: app-config.yamlの更新

```
// 追記
kubernetes:
  serviceLocatorMethod:
    type: 'multiTenant'
  clusterLocatorMethods:
    - type: 'config'
      clusters:
        - url: https://<VM Public IP>:6443
          name: k3s
          authProvider: serviceAccount
          skipTLSVerify: true
          serviceAccountToken: ${K3S_TOKEN}
```

　kubernetesセクションには、接続先Kubernetesクラスターの名前、URI、認証方式（authProvider）などを記載します。認証方式には大きく分けて、サーバーサイド認証とクライアントサイド認証のふたつがあります[3]。サーバーサイド認証の場合はKubernetesクラスターとBackstageの間で認証が行われるため、Backstageにログインしているユーザーであれば、Kubernetesの情報へのアクセスが許可されます。一方でクライアントサイド認証の場合は、ユーザーとKubernetesクラスター間で認証が行われるため、クラスター側でアクセスが許可されていない限りは、Backstageにログインしていても Kubernetesの情報を参照することはできません。今回設定するService Account認証は、サーバーサイド認証です。Service Account以外のauthProviderについては、公式ドキュメントのclusters.*.authProviderセクション[4]の記載を参照してください。

　Service Accountで認証を行うにあたり、Service Account、Cluster Role、Cluster Role Binding、Token用のSecretを作成します。Cluster Roleに付与する権限は、ここでは公式ドキュメントをベースにPodsのログを閲覧する権限を足しています[5]。

リスト11.6: backstage-sa-role.yamlの作成

```
---
apiVersion: rbac.authorization.k8s.io/v1
kind: ClusterRole
metadata:
  name: backstage-read-only
rules:
  - apiGroups:
    - '*'
```

---

[3].https://backstage.io/docs/features/kubernetes/authentication
[4].https://backstage.io/docs/features/kubernetes/configuration#clustersauthprovider
[5].https://backstage.io/docs/features/kubernetes/configuration/#role-based-access-control

```yaml
      resources:
        - pods
        - pods/log
        - configmaps
        - services
        - deployments
        - replicasets
        - horizontalpodautoscalers
        - ingresses
        - statefulsets
        - limitranges
        - resourcequotas
        - daemonsets
      verbs:
        - get
        - list
        - watch
    - apiGroups:
        - batch
      resources:
        - jobs
        - cronjobs
      verbs:
        - get
        - list
        - watch
    - apiGroups:
        - metrics.k8s.io
      resources:
        - pods
      verbs:
        - get
        - list
---
apiVersion: v1
kind: ServiceAccount
metadata:
  name: backstage-read-only
  namespace: default
---
apiVersion: rbac.authorization.k8s.io/v1
```

```
kind: ClusterRoleBinding
metadata:
  name: backstage-read-only
roleRef:
  apiGroup: rbac.authorization.k8s.io
  kind: ClusterRole
  name: backstage-read-only
subjects:
- kind: ServiceAccount
  name: backstage-read-only
  namespace: default
---
apiVersion: v1
kind: Secret
metadata:
  name: backstage-read-only
  namespace: default
  annotations:
    kubernetes.io/service-account.name: backstage-read-only
type: kubernetes.io/service-account-token
```

作成したマニフェストを適用します。

```
kubectl apply -f backstage-sa-role.yaml
```

KubernetesクラスターのService Account Token情報は、以下コマンドで確認します。

```
kubectl get secret backstage-read-only -o go-template='{{.data.token | base64decode}}'
```

KubernetesクラスターのService Account Token情報をVaultに登録します。

```
kubectl exec --stdin=true --tty=true vault-0 -n vault -- /bin/sh

/ $ vault kv put secret/app/config \
  postgres_user="postgres" \
  postgres_password="secret" \
  github_clientId="<GitHub Client ID>" \
  github_clientSecret="<GitHub Client Secret>" \
  github_appId="<GitHub App ID>" \
  github_appPrivateKey=@/tmp/github_privateKey.pem \
```

```
    backend_secret="<backend.auth.keys.secret>" \
    kube_cluster_token="<Kubernetes Service Account Token>"

/ $ vault kv get secret/app/config
```

Backstageがサーバーサイド認証を行うための情報を環境変数として参照できるよう、BackstageのDeploymentマニフェストに環境変数を追加します。

リスト11.7: Backstageのデプロイマニフェストの更新

```
---
spec:
  // ...
  template:
    // ...
    spec:
      containers:
        - name: backstage
          image: ghcr.io/<GitHubユーザー名>/backstageimage:v2
          // ...
          env:
          // ...
            - name: K3S_TOKEN
              valueFrom:
                secretKeyRef:
                  name: app-secret-from-vso
                  key: kube_cluster_token
```

設定完了後、Backstageのイメージを新たにビルドし、デプロイします。

```
yarn install --frozen-lockfile
yarn tsc
yarn build:backend --config ../../app-config.yaml
docker image build . -f packages/backend/Dockerfile \
  -t ghcr.io/<GitHubユーザー名>/backstageimage:v2
docker login ghcr.io -u <GitHubユーザー名>
docker push ghcr.io/<GitHubユーザー名>/backstageimage:v2

kubectl apply -f backstage-deployment.yaml
```

Componentのcatalog-info.yamlの設定

Backstage側でKubernetesの情報を表示する準備が整いました。Kubernetesプラグインでは、デ

フォルトで以下の情報を取得できます[6]。

- pods
- services
- configmaps
- limitranges
- resourcequotas
- deployments
- replicasets
- horizontalpodautoscalers
- jobs
- cronjobs
- ingresses
- statefulsets
- daemonsets

これらの情報をBackstage上で取得するには、Componentの`catalog-info.yaml`と必要に応じて対象Kubernetesリソースに設定が必要です。

以下のサービスがKubernetes上で稼働している例を示します。

リスト11.8: サンプルのDeploymentマニフェスト

```yaml
---
apiVersion: apps/v1
kind: Deployment
metadata:
  name: nginx-deployment
  labels:
    app: backstage-sample-nginx
spec:
  replicas: 2
  selector:
    matchLabels:
      app: backstage-sample-nginx
  template:
    metadata:
      labels:
        app: backstage-sample-nginx
    spec:
      containers:
        - name: nginx
```

---

[6].https://backstage.io/docs/features/kubernetes/configuration/#objecttypes-optional

```
        image: nginx:1.14.2
        ports:
        - containerPort: 80
```

サンプルのマニフェストをbackstage Namespaceに適用します。

```
kubectl apply -f backstage_yaml/sample/nginx-deployment.yaml -n backstage
kubectl get deploy -n backstage

NAME                READY   UP-TO-DATE   AVAILABLE   AGE
backstage           1/1     1            1           9h
nginx-deployment    2/2     2            2           2m47s
postgres            1/1     1            1           10h
```

　上記のサービスをBackstage上で表示させるため、`catalog-info.yaml`を以下のように作成します。作成した`catalog-info.yaml`はBackstageから読み込むため、適当なGitHub Repositoryに配置してください。インテグレーションを設定していないGitHub上に配置する場合は、RepositoryをPublicにしてください。`spec.type`は、フロントエンドでKubernetesタブを表示するよう追記を行ったtypeと一致させます。

リスト11.9: catalog-info.yaml
```
apiVersion: backstage.io/v1alpha1
kind: Component
metadata:
  name: sample-nginx
  description: An example of a nginx application.
  annotations:
    backstage.io/techdocs-ref: dir:.
    backstage.io/kubernetes-label-selector: 'app=backstage-sample-nginx'
spec:
  type: service
  lifecycle: experimental
  owner: e.g. <org_name>/<team_name>
```

　`catalog-info.yaml`の`metadata.annotation`部分で表示するKubernetesリソースの条件を指定します。`metadata.annotation`に指定できるラベルは、公式ドキュメントのSurfacing your Kubernetes components as part of an entity[7]に記載があります。

　上記の`catalog-info.yaml`で指定している`backstage.io/kubernetes-label-selector`は、Kubernetesリソースのうち、当該のラベルを持つリソースの情報を取得します。

7.https://backstage.io/docs/features/kubernetes/configuration/#surfacing-your-kubernetes-components-as-part-of-an-entity

`annotations.backstage.io/kubernetes-label-selector: 'app=backstage-sample-nginx'`
と設定されたcatalog-info.yamlではapp=backstage-sample-nginxのラベルを持つリソースの情報を取得するため、サンプルでデプロイしたnginxの情報が表示されます。

まずcatalog-info.yamlをBackstageに取り込みます。Createから右上のREGISTER EXISTING COMPONENTをクリックします。

図11.1: REGISTER EXISTING COMPONENT

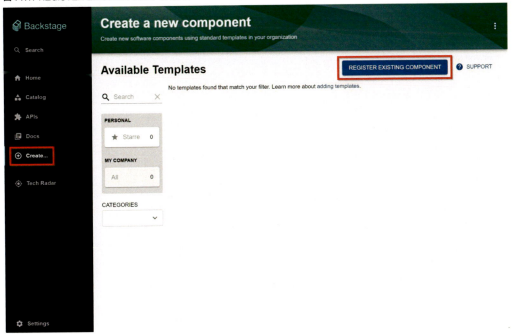

Select URLにGitHub上のcatalog-info.yamlのパスを入力し、エラーが出ないことを確認して取り込みを完了します。

図 11.2: Catalog Info の取り込み

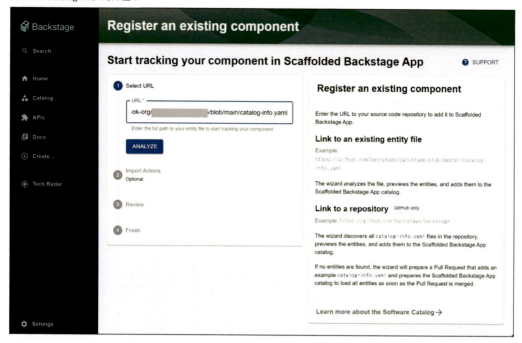

　カタログの Kind: Component 一覧に sample-nginx が登録されます。クリックして詳細を確認すると、「Kubernetes」タブが追加されていることが確認できます。Kubernetes タブにアクセスすると、app-config.yaml で定義した認証プロバイダーに従った認証処理が行われます。認証に成功すると、Kubernetes 上の app=backstage-sample-nginx のラベルを持つ nginx-deployment の情報が表示されます。情報が表示されない場合は、リソース情報の取得タイミングを待つか、ブラウザーをリロードしてください。それでもクラスター情報が表示されない場合は、接続情報やラベルの指定などを見直してください。

図 11.3: Kubernetes タブの表示

各リソースの名前をクリックすると、詳細情報が表示されます。

図 11.4: Kubernetes リソースの詳細表示

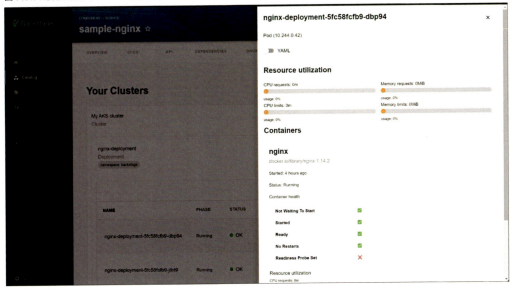

ラベルは、,で区切って複数指定することも可能です。ラベルを複数指定した場合は、or条件ではなくand条件でリソースを取得します。たとえば、annotationsにbackstage.io/kubernetes-label-selector: 'app=backstage-sample-nginx,component=backstage'を指定した場合はapp=backstage-sample-nginxとcomponent=backstageのふたつのラベルを持つリソースの情報を取得します。

metadata.annotationに指定できるアノテーションごとの挙動の違い

　Kubernetesリソースをエンティティーの一部として表示する際に指定できるアノテーションは、backstage.io/kubernetes-label-selectorだけではありません。指定できるアノテーションには、以下ふたつの種類があります。

・backstage.io/kubernetes-label-selector
・backstage.io/kubernetes-id

　kubernetes-label-selectorは、kubernetes-idの指定よりも優先されます。本コラムでは、backstage.io/kubernetes-label-selector以外のアノテーションを指定した際の挙動を確認してみましょう。

　backstage.io/kubernetes-idは、同一のラベルを持つリソースの情報を取得します。したがって、catalog-info.yamlのmetadata.annotationsと情報取得対象のKubernetesリソースのmetadata.labelsの双方に"backstage.io/kubernetes-id": <ENTITY_NAME>を付与する必要があります。

　たとえばcatalog-info.yamlのannotationsを以下のように指定した場合は、metadata.labelsにbackstage.io/kubernetes-id: sample-nginxが付与されているリソースの情報を取得します。

リスト11.10: backstage.io/kubernetes-idの指定

```
// ...
annotations:
  backstage.io/techdocs-ref: dir:.
  backstage.io/kubernetes-id: sample-nginx
```

　backstage.io/kubernetes-idのほかにも、backstage.io/kubernetes-namespaceというアノテーションの指定も存在します。

　backstage.io/kubernetes-namespaceは、表示するKubernetesリソースの検索範囲を指定したNamespaceに絞り込むためのアノテーションです。backstage.io/kubernetes-label-selectorやbackstage.io/kubernetes-idと併用します。

　app=backstage-sample-nginxのラベルを持つサービスをbackstageとnginxというふたつのNamespaceにデプロイしたケースを考えます。catalog-info.yamlのannotationsにbackstage.io/kubernetes-label-selector: 'app=backstage-sample-nginx'のみを指定している場合は、全Namespaceの条件に合致するリソースが表示されます。

図11.5: 全Namespaceのapp=backstage-sample-nginxのラベルを持つリソースを表示

ここで以下のようにannotationsにbackstage.io/kubernetes-namespace: backstageを追加することで、指定したNamespace（backstage）のリソースのみを表示できます。

リスト11.11: Namespaceを指定したアノテーション

```
  // ...
  annotations:
    backstage.io/techdocs-ref: dir:.
    backstage.io/kubernetes-label-selector: 'app=backstage-sample-nginx'
    backstage.io/kubernetes-namespace: backstage
```

11.3　Multiクラスター環境の可視化

ここまで単一のKubernetesクラスターをBackstageに登録し、リソースの情報を取得する方法を説明しました。では、複数のKubernetesクラスターをBackstageに登録した場合はどうなるでしょうか。

もうひとつVMを用意し、そこに別のKubernetesクラスター（K3s）を構築してノードの稼働状態からK3sの作成を確認します。また、Backstageが稼働するひとつ目のK3sクラスターから新たに作成したK3sクラスターのAPIサーバーにアクセスできるよう、6443ポートにアクセスできるようにしてください。

```
curl -sfL https://get.k3s.io | sh -

mkdir ~/.kube
```

第11章　Kubernetesプラグイン　｜　223

```
sudo cp /etc/rancher/k3s/k3s.yaml ~/.kube/config
chown <user>:<group> ~/.kube/config
export KUBECONFIG=~/.kube/config

kubectl get node
```

新たに作成したK3sクラスターに、nginx Namespaceを作成します。Single Cluster環境の可視化で利用したnginx Deployment用のマニフェストを作成し、app=backstage-sample-nginxのlabelを持つDeploymentを作成します。

```
kubectl create namespace nginx
kubectl apply -f backstage_yaml/sample/nginx-deployment.yaml -n nginx
kubectl get deploy -n nginx
```

新たに作成したK3sクラスターをBackstageに登録します。app-config.yamlのkubernetesセクションに、新たに作成したK3sクラスター情報を追加します。また、Single Clusterの可視化の際と同様に、Service Account、Cluster Role、Cluster Role Binding、Token用のSecretを作成してください。

リスト11.12: app-config.yamlの更新

```
kubernetes:
  serviceLocatorMethod:
    type: 'multiTenant'
  clusterLocatorMethods:
    - type: 'config'
      clusters:
        - url: https://<VM Public IP>:6443
          name: k3s
          authProvider: serviceAccount
          skipTLSVerify: true
          serviceAccountToken: ${K3S_TOKEN}
        // 追記
        - url: https://<VM Public IP2>:6443
          name: k3s-2
          authProvider: serviceAccount
          skipTLSVerify: true
          serviceAccountToken: ${K3S_TOKEN2}
```

新たに作成したK3sクラスターのService Account Token情報をVaultに登録します。

```
kubectl exec --stdin=true --tty=true vault-0 -n vault -- /bin/sh

/ $ vault kv put secret/app/config \
  postgres_user="postgres" \
  postgres_password="secret" \
  github_clientId="<GitHub Client ID>" \
  github_clientSecret="<GitHub Client Secret>" \
  github_appId="<GitHub App ID>" \
  github_appPrivateKey=@/tmp/github_privateKey.pem \
  backend_secret="<backend.auth.keys.secret>" \
  kube_cluster_token="<Kubernetes Service Account Token>" \
  kube_cluster_token2="<Kubernetes Service Account Token2>"

/ $ vault kv get secret/app/config
```

新たなK3sクラスターの情報を追記したら、Backstageを再ビルドします。

```
docker image build . -f packages/backend/Dockerfile \
  -t ghcr.io/<GitHubユーザー名>/backstageimage:v3
docker login ghcr.io -u <GitHubユーザー名>
docker push ghcr.io/<GitHubユーザー名>/backstageimage:v3
```

Backstageを再ビルド後、デプロイします。backstage-deployment.yamlをapplyする前に、YAML内で参照しているイメージのタグをv3に変更してください。また、新たなK3sクラスターのService Account Token情報を参照できるように環境変数を追加します。

リスト11.13: Backstageのデプロイマニフェストの更新

```
---
spec:
  // ...
  template:
    // ...
    spec:
      containers:
        - name: backstage
          image: ghcr.io/<GitHubユーザー名>/backstageimage:v3
          // ...
          env:
          // ...
            - name: K3S_TOKEN
              valueFrom:
                secretKeyRef:
                  name: app-secret-from-vso
```

```
            key: kube_cluster_token
       - name: K3S_TOKEN2
         valueFrom:
           secretKeyRef:
             name: app-secret-from-vso
             key: kube_cluster_token2
```

```
kubectl apply -f backstage-deployment.yaml
```

　最初に作成したKubernetes上には、app=backstage-sample-nginxのラベルをもつサービスがbackstageとnginxというふたつのNamespaceで稼働している状態としました。新たに作成したKubernetes上には、app=backstage-sample-nginxのラベルをもつサービスがnginx Namespaceで稼働しています。このとき、以下のようにannotationsにbackstage.io/kubernetes-label-selector: 'app=backstage-sample-nginx'が指定されたComponentにおいて、Kubernetesリソース情報がどのように表示されるかを確認します。

リスト11.14: ラベルを指定したannotations
```
// ...
annotations:
  backstage.io/techdocs-ref: dir:.
  backstage.io/kubernetes-label-selector: 'app=backstage-sample-nginx'
```

　複数のKubernetesの接続設定が存在する場合、クラスターを跨いで条件に合致するリソースが表示されます。どちらか片方のクラスター情報のみ表示させる場合は、追加でラベルを指定するなどの工夫が必要になることを理解しておきましょう。

図11.6: 複数クラスターが登録されている場合のリソース表示

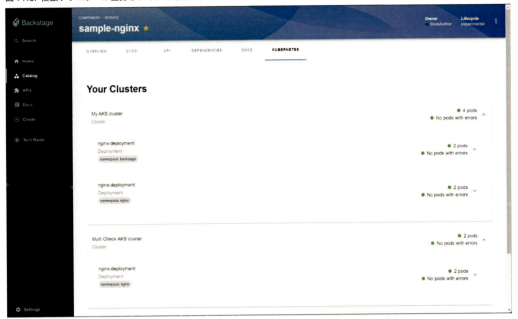

11.4 まとめ

本章では、Backstage上でKubernetesプラグインを有効にする手順を説明しました。Backstageは、さまざまな環境のリソースを一元的に可視化できます。ぜひ、自身の環境に合わせてBackstageを活用してみてください。

クラウドリソースの維持にはコストがかかります。Kubernetes環境が不要な場合は、作成したリソースを削除することを忘れないようにしてください。

付録A　Azure Kubernetes Serviceの認証

本文ではKubernetes環境にK3s、KubernetesプラグインのServiceにService Accountを使用しました。Backstageでは、Service Account以外にもKubernetesクラスターが実行されている環境に合わせたさまざまな認証方式が利用できます。

本章ではAzure Kubernetes Service(AKS)を利用するケースついて、10・11章との差分を中心に解説します。

環境構築にはkubectl[1]、Helm[2]のほか、Azure CLI[3], kubelogin[4]を使用します。それぞれ未インストールの場合は、公式ドキュメントにしたがってインストールしてください。

A.1　Azure Kubernetes Service (AKS) の作成

本章では、以下の手順で構築したAKSを利用して解説します。Azureリソースの作成にはAzure CLIを使用します。

正しいAzureサブスクリプションでログインしていることを確認します。

```
az login

# 異なるサブスクリプションを使用する場合は、以下のコマンドを実行してサブスクリプションを切り替える
az account set --subscription <subscription id>
```

AKSを構築するリソースグループを作成します。ここでは、backstageという名前のリソースグループを作成します。

```
az group create --name backstage --location japaneast
```

Backstageのイメージを格納するためのAzure Container Registry (ACR)を作成します。ここでは、crbackstagebook001という名前のACRを作成します。ACRの名前はAzure内で一意である必要があります。

---

1. https://kubernetes.io/ja/docs/tasks/tools/install-kubectl/
2. https://helm.sh/docs/intro/install/
3. https://learn.microsoft.com/ja-jp/cli/azure/install-azure-cli
4. https://azure.github.io/kubelogin/install.html

```
az acr create -n crbackstagebook001 -g backstage \
  --sku Basic --public-network-enabled true --admin-enabled true
```

AKSクラスターを作成します。ここでは、aks-backstagebookという名前のAKSクラスターを作成します。AKSクラスターはEntra ID統合を有効化し、Entra IDを利用して認証できるように設定します[5]。aks-admin-groupというEntra IDグループを作成し、クラスターの管理者グループとして指定します。

```
USER_ID=$(az ad signed-in-user show --query id -o tsv)
GROUP_ID=$(az ad group create --display-name aks-admin-group \
  --mail-nickname aks-admin-group --query id -o tsv)
az ad group member add -g ${GROUP_ID} --member-id ${USER_ID}

az aks create \
  -g backstage \
  -n aks-backstagebook \
  --node-count 1 \
  --attach-acr crbackstagebook001 \
  --enable-aad \
  --aad-admin-group-object-ids ${GROUP_ID}
```

作成したAKSクラスターに接続します。

```
az aks get-credentials --resource-group backstage --name aks-backstagebook
kubelogin convert-kubeconfig -l azurecli
```

以下のコマンドでクラスター内のノード情報を確認し、作成したAKSに接続できていることを確認します。

```
kubectl get nodes
```

Backstageを稼働させるためのNamespaceを作成します。10章同様、backstageという名前のNamespaceを作成します。

```
kubectl create namespace backstage
```

---

[5] https://learn.microsoft.com/ja-jp/azure/aks/enable-authentication-microsoft-entra-id

A.2　各種リソースのデプロイ

　PostgreSQL、HashiCorp Vault Operator、Backstageは10章の記述を参考にそれぞれ導入してください。以下に、主な差分となる部分を記載します。

　PostgreSQLに関しては、K3sと違い、PVCだけでなくPV用のマニフェストも作成する必要があります。AKSには複数のストレージオプションが存在しますが、ここではノードのストレージを利用するパターンで解説します。PVとPVCのマニフェスト例を以下に示します。

リストA.1: postgres-storage.yaml

```yaml
---
apiVersion: v1
kind: PersistentVolume
metadata:
  name: backstage-postgres-storage
  labels:
    type: local
spec:
  storageClassName: manual
  capacity:
    storage: 2G
  accessModes:
    - ReadWriteOnce
  persistentVolumeReclaimPolicy: Retain
  hostPath:
    path: "/mnt/data"
---
apiVersion: v1
kind: PersistentVolumeClaim
metadata:
  name: backstage-postgres-storage-claim
  namespace: backstage
spec:
  storageClassName: manual
  accessModes:
    - ReadWriteOnce
  resources:
    requests:
      storage: 2G
```

　PVCに起因してPodが正常に起動しない場合、AKSではkubectl debugでノードの状態を確認できます。ノード上のディレクトリーの確認・作成が必要な場合は、以下コマンドにて行ってくだ

さい[6]。以下は、ノード上に/mnt/dataディレクトリーが存在しており、かつ空であることを前提としたコマンド例です。

```
kubectl get nodes -o wide
kubectl debug node/<node_name> -it --image=mcr.microsoft.com/cbl-mariner/busybox:2.0
/ # chroot /host
root@<node_name>:/# ls -l /mnt/data/*

# ディレクトリーが存在しない場合は作成する
root@<node_name>:/# mkdir -p /mnt/data
root@<node_name>:/# chmod 777 /mnt/data

root@<node_name>:/# exit
/ # exit
```

AKSのノードにおける/mntは一時ディスクがマウントされており、ノードの再起動によりデータが消失します。本番利用を想定した環境では別のストレージオプション、もしくはPaaSであるAzure Database for PostgreSQLを利用しましょう。Backstageへのデプロイ手順はおおむね10章と同様ですが、Container RegistryとしてACRを利用する場合は、以下のようなコマンドでDocker Imageのビルドとpushを行います。

```
# Image Build
docker image build . -f packages/backend/Dockerfile \
  -t crbackstagebook001.azurecr.io/backstageimage:v1

# Image Push
az acr login -n crbackstagebook001
docker push crbackstagebook001.azurecr.io/backstageimage:v1
```

また、AKSクラスター作成時に--attach-acrオプションでACRを指定したことで、マネージドIDを使用したACRへの認証が自動的に構成されるため、Image Pull Secretは不要です。

A.3　Kubernetesプラグイン

上記手順で構築したAKSクラスターの情報を参照するため、Kubernetesプラグインを導入します。本章ではSingleクラスター環境の可視化を例として、11章の手順との差分を中心に設定方法を解説します。

11章の手順と異なる部分は、クラスター情報の設定部分です。

KubernetesクラスターをBackstageに認識させるため、app-config.yamlのkubernetesセクションに接続情報を記載します。設定内容については公式ドキュメントのConfiguring Kubernetes

---

6.https://learn.microsoft.com/ja-jp/azure/aks/node-access

Clusters[7]に記載があります。

　AKSの場合は、以下のようにapp-config.yamlのkubernetesセクションに接続情報を記載します。

リストA.2: app-config.yamlの更新

```yaml
// 追記
kubernetes:
  serviceLocatorMethod:
    type: 'multiTenant'
  clusterLocatorMethods:
    - type: 'config'
      clusters:
        - name: My AKS cluster
          url: https://xxx.hcp.japaneast.azmk8s.io:443
          authProvider: aks
          skipTLSVerify: true

// 更新
auth:
  # see https://backstage.io/docs/auth/ to learn about auth providers
  environment: development
  providers:
    github:
    // ...
    microsoft:
      development:
        clientId: ${AZURE_CLIENT_ID}
        clientSecret: ${AZURE_CLIENT_SECRET}
        tenantId: ${AZURE_TENANT_ID}
```

　11章で解説した通り、認証方式には大きく分けて、サーバーサイド認証とクライアントサイド認証のふたつがあります[8]。サーバーサイド認証の場合はKubernetesクラスターとBackstageの間で認証が行われるため、Backstageにログインしているユーザーであれば、Kubernetesの情報へのアクセスが許可されます。一方でクライアントサイド認証の場合は、ユーザーとKubernetesクラスター間で認証が行われるため、クラスター側でアクセスが許可されていない限りは、Backstageにログインしていても Kubernetesの情報を参照することはできません。

　AKSの場合は、authProviderとしてazure（サーバーサイド認証）とaks（クライアントサイド認証）が指定できます。azureはAzure CLIでサーバーサイド認証する方式のため、Backstage稼働

7.https://backstage.io/docs/features/kubernetes/configuration/#configuring-kubernetes-clusters
8.https://backstage.io/docs/features/kubernetes/authentication

環境のターミナルにて対話型のコマンド実行が必要です。Kubernetes上で稼働させることを考慮すると避けたいアプローチです。これを踏まえ、今回はaksを使用してクライアントサイド認証を行います。

authProviderにaksを指定して、クライアントサイド認証を行うための情報をauth.providers.microsoftに記載します。公式ドキュメントMicrosoft Azure Authentication Provider[9]の記載にしたがい、Azure Portalでアプリを登録します。

「アプリの登録」からBackstage用のアプリを登録します。

- リダイレクトURI
    - プラットフォーム: Web
    - Redirect URI: https://\<backstage URI\>/api/auth/microsoft/handler/frame (ローカル開発環境: http://localhost:7007/api/auth/microsoft/handler/frame)
- フロントチャネルのログアウト URL: blank
- 暗黙的な許可およびハイブリッド フロー: All unchecked

またAPI権限として、最低限Microsoft Graph APIに以下のDelegated permissionが必要です。登録したアプリの「APIアクセス許可」から「アクセス許可の追加」をクリックし、以下の権限を追加します。

- email
- offline_access
- openid
- profile
- User.Read

上記権限の設定が完了したら、「証明書とシークレット」からクライアントシークレットを発行します。発行したクライアントシークレットの値を`AZURE_CLIENT_SECRET`に設定します。クライアントIDとテナントIDは登録したアプリの「概要」から確認できます。

必要な秘密情報をVaultに登録します。

```
kubectl exec --stdin=true --tty=true vault-0 -n vault -- /bin/sh

/ $ vault kv put secret/app/config \
  postgres_user="postgres" \
  postgres_password="secret" \
  github_clientId="<GitHub Client ID>" \
  github_clientSecret="<GitHub Client Secret>" \
  github_appId="<GitHub App ID>" \
  appPrivateKey=@/tmp/github_privateKey.pem \
  backend_secret="<backend.auth.keys.secret>" \
  azure_client_id="<Azure Client ID>" \
  azure_client_secret="<Azure Client Secret>" \
  azure_tenant_id="<Azure Tenant ID>"
```

9.https://backstage.io/docs/auth/microsoft/provider/

```
/ $ vault kv get secret/app/config
```

　Backend 側で Microsoft の認証情報を扱えるよう、プラグインを追加します。バックエンドのプラグインは、`packages/backend/src/index.ts` で設定されています。auth plugin セクションに以下を追加します。

リスト A.3: Auth プラグインの設定
```
// auth plugin
// ...
backend.add(import('@backstage/plugin-auth-backend-module-microsoft-provider'));
```

> **プロバイダーに対応するバックエンドプラグインの導入**
>
> 　app-config.yaml の auth セクションにプロバイダーを追加した場合は、対応するバックエンドプラグインを導入する必要があります。バックエンドプラグインを追加しないで認証プロセスが行われた場合は、以下のようなエラーメッセージが返却されます。
>
> ```
> {
>   "error": {
>     "name": "NotFoundError",
>     "message": "Unknown auth provider 'microsoft'"
>   },
>   "request": {
>     "method": "GET",
>     "url": "/api/auth/microsoft/start..."
>   },
>   "response": {
>     "statusCode": 404
>   }
> }
> ```

　Backstage がクライアントサイド認証を行うための情報を環境変数として参照できるよう、Deployment マニフェストに環境変数を追加します。

リスト A.4: Backstage のデプロイマニフェストの更新
```
---
spec:
  // ...
  template:
    // ...
```

```yaml
    spec:
      containers:
      - name: backstage
        image: crbackstagebook001.azurecr.io/backstageimage:v2
        // ...
        env:
        // ...
          - name: AZURE_CLIENT_ID
            valueFrom:
              secretKeyRef:
                name: app-secret-from-vso
                key: azure_client_id
          - name: AZURE_CLIENT_SECRET
            valueFrom:
              secretKeyRef:
                name: app-secret-from-vso
                key: azure_client_secret
          - name: AZURE_TENANT_ID
            valueFrom:
              secretKeyRef:
                name: app-secret-from-vso
                key: azure_tenant_id
```

設定完了後、Backstageのイメージを新たにビルドしデプロイします。

```
yarn install --frozen-lockfile
yarn tsc
yarn build:backend --config ../../app-config.yaml
docker image build . -f packages/backend/Dockerfile \
  -t crbackstagebook001.azurecr.io/backstageimage:v2
az acr login -n crbackstagebook001
docker push crbackstagebook001.azurecr.io/backstageimage:v2

kubectl apply -f backstage-deployment.yaml
```

以上でAKSをBackstageの稼働環境として利用する際に、KubernetesプラグインへAzure AD Authenticationを使用した認証の設定は完了です。以降は11.2の「Componentのcatalog-info.yamlの設定」の記述を参考に、Kubernetesリソース情報の取得をBackstage上で確認してみてください。

おわりに

私がBackstageを知るきっかけは、Platform Engineeringを勉強しようとするときに、Backstageというプロダクトがあることを知ったことでした。GitHubの活動も活発で結構前から開発が続けられるもので、並行性や拡張性が高く、将棋拡張の様々な面白いプロダクトもあると思いました。しかしながら、マニュアルや実際便利そうの機能が多く、日本語で書かれたドキュメンテーションも使ってみている中でもないので、日本では手がもったいないという印象を持ちました。そう思っている中で様々な単純な方もあり、自分が継続継承を出版することになり、本書籍を執筆する機会をもらうことになっております。

本書は目標にもあります通り、Backstageの基礎知識をより詳しく知っていただくための入門書のような立ち位置であるので、もし本書を読んで頂いた皆様が様々な会社や組織にてBackstageを利用して頂けるようになれば、著者冥利に尽きます。そしてBackstageをきっかけして、Platform Engineeringを盛り上がっていって頂ける、Platform Engineering Kaigiの Committee としても嬉しく思います。

本書を読んで頂き、ありがとうございました！Backstageライフを！

謝辞

執筆の機会をいただいた技術の泉出版社様、本書を監修していただいた Shunsuke Yoshikawa 氏 (@ussvgr) に多大な感謝を述べたいと思います。長い執筆期間の中、遅々ながらくれた妻、甘えん坊な息子、生まれて間もない娘に深く感謝していると思います。

出版者掲載

著者紹介

田中 洞子 (たなか あこ)

インフラ領域からWebアプリケーション開発まで経験したのち、現在はフリーランスエンジニアとして活動中。
ブロダクト開発を主戦場にしている。
ファシ/ネーターとしてCloudNative Days や Platform Engineering Meetup、Platform Engineering Kaigi といったコミュニティでcommittee として活動中。
コミュニティ活動ではもっぱらデザインを配信する Creative 領域に関わることが多い。
趣味はコーヒーとゲームを愛してやまない。

山名 智博 (やまな ともひろ)

日常コンサルタントを生業にするソリューションアーキテクト／エンジニア。
金融特化Sier で CSE やプリセルス経験からSAを経て、ITエンジニアのコンサルタントに転身。
日々頭脳や PC に負担を掛けず、手を動かしたいタイプで、ドキュメントワークが多くなってきた最近のサービスを前に、手を動かしたい気持ちを抑える日々である。

◎ 本書スタッフ
アートディレクター/デザイン：岡田章志＋GY
編集協力：出原拓矣
ディレクター：霜川 剛

〈表紙イラスト〉
霜川 剛い (しもかわ かつい)
フリーランスWebデザイナー・漫画家・イラストレーター。マンガと図解をからめた〈伝える〉が得意。著書『マンガでわかるWebサイト制作の基本』『マンガでわかる Git 使い方入門』『マンガでわかる Google アナリティクス』『マンガでわかる School にて Git 入門の講義や、動画撮影サービスの講師を手掛け、他に発売中のほか、マンガでわかるDocker・マンガでわかる Unity といった技術同人誌などがたち並べている。
Webサイト：マンガでわかるWebデザイン http://webdesign-manga.com/
X：@lljminatoll

技術の泉シリーズ・刊行に寄せて

技術の泉シリーズは、質に定評のある技術同人誌を再編集しインプレス NextPublishing は取り扱う数々の同人誌を、2016年より数多くの出版社から (https://techbookfest.org/) で頒布された技術同人誌を底本として商業書籍化を2016年より継続している。『技術の泉シリーズ』を刊行してきました。2019年4月、より幅広い技術同人誌に本書を、更に多くの方々に届けるために、「技術の泉シリーズ」リニューアルしました。今後は、中が目指す技術同人誌を発掘し、エンジニアの"知の循環"に寄与することを目指します。つきましては皆様の技術同人誌の底本にぜひ本シリーズをご利用ください。

インプレス NextPublishing
技術の泉シリーズ 編集長　山城 敬

●お願い
掲載したURLは2024年11月1日現在のものです。サイトの都合で変更されることがあります。また、電子版では URLにハイパーリンクを設定しています、端末やビューワー、リンク先のファイル形式によって動作表示できないことがあります。あらかじめご了承ください。

●本書の内容についてのお問い合わせ先
株式会社インプレス
インプレス NextPublishing
メール窓口
np-info@impress.co.jp
件名に「『本書名』問い合わせ係」と記述してメールにてお送りください。お電話やFAXでのご質問には対応しておりません。また、本書の範囲を超えるご質問にはお答えできませんのでご了承ください。

探偵の姉シリーズ

Backstageをはじめよう！

2024年11月15日 初版発行Ver.1.0 （PDF版）

著　者　田中 絢子, 山名 智博
編集人　山崎　毅
企画・編集　有限会社技術の泉出版
発行人　肥田 剛志
発　行　インプレス NextPublishing
　　　　〒101-0051
　　　　東京都千代田区神田神保町一丁目105番地
　　　　https://nextpublishing.jp/
発　売　株式会社インプレス
　　　　〒101-0051　東京都千代田区神田神保町一丁目105番地

●本書は著作権上の保護を受けています。本書の一部あるいは全部について株式会社インプレスから文書による許諾を得ずに、いかなる方法においても無断で複写、複製することは禁じられています。

©2024 Ayako Tanaka, Tomohiro Yamana. All rights reserved.

印刷・製本　京葉流通倉庫株式会社
Printed in Japan
ISBN978-4-295-60348-1

●落丁・乱丁本は流通センターです。インプレスカスタマーセンターまでお送りください。送料弊社負担にてお取り替えさせていただきます。但し、古書店で購入されたものについてはお取り替えできません。
■読者の窓口
インプレスカスタマーセンター
〒101-0051
東京都千代田区神田神保町一丁目105番地
info@impress.co.jp

●インプレス NextPublishingは、株式会社インプレスR&Dが開発したデジタルファースト型の出版モデルを承継し、幅広い出版分野で電子書籍+オンデマンドによるODPシステムで書籍を製造し提供しています。https://nextpublishing.jp/